城市综合管廊通风、防灾及低碳关键技术

郭　春　著

科学出版社

北京

内 容 简 介

本书首先对城市综合管廊建设及研究现状进行了总结,并从管廊特点及现行技术规定出发,分析了目前管廊建设和运维中存在的问题,在此基础上通过文献调研、模型试验和数值模拟等方法对管廊通风、防灾和低碳建造的关键技术进行研究并归纳总结,重点介绍了城市综合管廊等效通风摩阻的计算方法、温度场特征及控制方法、除湿技术、火灾特性和防灾技术,并对管廊全生命周期碳排放计算方法与减碳措施进行了探究。

本书可为城市综合管廊相关领域工作者、研究人员提供参考。

图书在版编目(CIP)数据

城市综合管廊通风、防灾及低碳关键技术 / 郭春著. -- 北京:科学出版社,2025. 3. -- ISBN 978-7-03-079323-2

Ⅰ. TU990.3

中国国家版本馆 CIP 数据核字第 2024AM8397 号

责任编辑:牛宇锋　乔丽维 / 责任校对:任苗苗
责任印制:肖　兴 / 封面设计:楠竹文化

科 学 出 版 社 出版

北京东黄城根北街 16 号
邮政编码:100717
http://www.sciencep.com

三河市春园印刷有限公司印刷
科学出版社发行　各地新华书店经销

*

2025 年 3 月第 一 版　开本:720×1000　1/16
2025 年 3 月第一次印刷　印张:12 3/4
字数:255 000

定价:118.00 元
(如有印装质量问题,我社负责调换)

前　　言

随着城市化进程的加快,高效利用城市土地成为新型城市的重要需求。城市综合管廊作为一种集成了电力、通信、燃气、水、污水、暖通等多种城市基础设施的地下结构,具有节约土地、提高效率、降低成本、减少风险等优点,其规模和数量也在不断增加,为城市的可持续发展提供了重要的支撑。

我国管廊建设起步较晚,从 2015 年起,我国开始遴选综合管廊建设试点城市,先后两批次共 25 座城市成为管廊建设试点城市,经过多年的运营维护,城市综合管廊面临的一些挑战和问题逐渐暴露。因此,如何有效地保障管廊的安全运营是一个亟待解决的问题。

城市综合管廊作为地下结构,与外界空气交流不通畅,其内布置有电力、通信、燃气、暖通等多种发热管线,由于管廊的封闭性,热量难以及时排出,地下高湿环境也易使设备发生老化损害,这些都可能导致管廊火灾的发生,造成巨大的经济损失,严重时甚至会威胁检修人员的生命安全。因此,城市综合管廊需要合理的通风防灾措施来保障其安全运营。

另外,碳排放也是近年来的重要议题,为实现减排目标,我国在多个领域进行了技术革新。作为一种新型的城市基础设施,城市综合管廊应该符合低碳的理念和要求,即在满足城市功能的同时,尽可能地减少能源消耗和碳排放,提高能源利用效率和环境友好性。因此,如何探索和应用城市综合管廊的低碳关键技术,推动管廊的绿色发展,是一个值得关注的方向。

本书对城市综合管廊通风、防灾及低碳关键技术进行了研究,涵盖了管廊通风摩阻、温度场、除湿、防灾及低碳建造等多个方面,主要通过大量理论及模拟试验进行研究,采用多种数学模型和计算方法,如有限元法、有限体积法及计算流体力学中的离散方法等。本书将近年来管廊相关研究与作者的多项研究成果结合,形成了较为完善的管廊通风防灾技术体系,并使用全生命周期评价理论,探究管廊碳排放计算模型与方法,以此为基础提出管廊全生命周期减碳措施,形成管廊低碳技术,可为城市综合管廊相关领域工作者、研究人员提供参考。

本书参阅了国内外近年来发表的科技文献,并调研了部分管廊工程,在此特向文献作者及提供数据的管廊从业人员表示感谢。

由于作者水平有限,书中难免存在不足之处,恳请读者批评指正。

目　　录

第1章 绪 论

城市综合管廊是建设于城市地下空间的一种市政工程,一般容纳给水、污水、再生水、燃气、电力、热力、通信以及固废等市政线缆和管道,是现代化城市的"生命线"。城市综合管廊最先起源于欧洲,自1832年法国巴黎修建了世界上最早的城市综合管廊(以排水管道为主,辅之通信和燃气等管道)以后,欧洲各国兴起建设城市综合管廊的热潮。目前日本是世界上综合管廊建设最发达的国家,并且颁布了一系列法律来促进综合管廊的建设。日本的城市综合管廊在20世纪90年代阪神大地震中发挥了显著的抗震作用,因此21世纪初该国在80多个县级中心城市的城市干线道路下建成里程超过1000km的城市综合管廊。我国城市综合管廊的建设起步很晚,最早可以追溯到1958年在北京天安门广场修建的一条长约1076m的地下综合管沟,其收纳了电力、电信、暖气等管线,结构较为简单。我国真正意义上最早的城市综合管廊是上海市政府在1992年修建的浦东新区张杨路综合管廊。从2015年起,我国开始遴选城市综合管廊建设试点城市,其中第一批试点城市有10个,分别为包头、沈阳、哈尔滨、苏州、厦门、十堰、长沙、海口、六盘水、白银。到2016年,国家第二批城市综合管廊试点城市增加了15个,分别为郑州、广州、石家庄、四平、青岛、威海、杭州、保山、南宁、银川、平潭、景德镇、成都、合肥、海东。据统计,2024年我国综合管廊拟在建项目超过200个,总投资超过1500亿元。

虽然我国综合管廊规划建设已经取得较大进展,但由于起步较晚,当前我国综合管廊工程现状与新阶段高质量建设要求仍存在一定差距,其中高温、潮湿、火灾等问题困扰着管廊从业人员,同时城市综合管廊作为我国市政管线工程建设发展的新趋势,具有较大的减排潜力,但综合管廊低碳建造技术研究还处于起步阶段,管廊内的低碳化路径与减碳措施尚不明晰。

针对以上问题,本书从管廊通风摩阻、廊内温湿度控制和防灾疏散等方面出发,对管廊通风防灾关键技术进行总结,并使用全生命周期评价理论,探究管廊碳排放计算模型、方法与减碳措施,为管廊安全运营与低碳建造提供理论基础,并指导管廊建设与通风系统设计。

1.1　综合管廊的基本概念及发展历程

1.1.1　综合管廊基本概念

综合管廊是一种位于城市地下的建筑结构,旨在容纳两类及以上的城市工程管线以及相关设施。城市工程管线是指城市范围内为满足生活和生产需要而布设的给水、雨水、污水、再生水、燃气、热力、电力、通信等市政公用管线。综合管廊是一项有效的地下空间综合利用措施,通过合理布置市政管线,将各种管线集中到一个通道内,减少对地下空间的占用,从而提高地下空间的利用效率和管理水平。与此同时,综合管廊大幅度减轻了因管线敷设、维修而引起路面开挖造成的交通压力,美化了城市周围环境,现已成为城市中非常重要的市政基础设施。

图 1-1 展示了工程实际中常见的综合管廊分舱和廊道断面布置情况。可以看到,电力、通信、给水、再生水、热力、燃气管线,乃至供冷、雨水、污水及垃圾收集等管线均可被纳入其中。综合管廊因其保障管线安全运行、提升城市品质和综合承载能力、推动城市转型发展、保护和改善城市生态环境以及促进经济发展等方面的显著优势,而被大力推广建设。

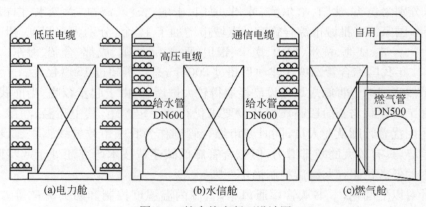

图 1-1　综合管廊断面设计图

1.1.2　国内外发展历程

1. 国内发展历程

国内对于综合管廊的研究起步较晚,但发展迅速。1958 年,在北京天安门广场下建立了我国首条综合管廊,管廊埋深 7.5m 左右,截面积为 8m²,长度约

1076m。由于当时的条件有限,入廊管道仅包括电缆管廊和热力管道。1978 年,上海宝山钢铁总厂建立了电力电缆干线和支线,并用综合管廊的方式进行敷设,埋深 5～13m,此电缆管线被称为宝钢的"生命线"。

1990 年,天津为了在车站合理梳理行人、管线和铁路之间的混乱关系,建立了较宽综合管沟隧道,将给水管道和电力电缆纳入了隧道。1994 年,上海市建成了我国首条规模最大、较长距离的综合管廊,位于浦东新区的张杨路,敷设在道路的两侧,总长度达到 11.125km,耗资 3 亿元,也是国内第一条体系较为完整的城市综合管廊,将给排水管道、电力电缆、通信电缆和燃气管线四条管线纳入廊内,极大地改善了周边的道路设施,避免了道路反复开挖的局面。2004 年,上海为了提升新城镇的形象和基建水平,在郊区安亭新镇建成综合管廊,管廊呈环形并按"日"字设计,全长 5.7km,将给水管道、通信电缆、电力电缆和燃气管道纳入廊内,为安全起见,为燃气管道在顶部设计了专门的卡槽。

2005 年,广东省建成省内第一条综合管廊——广州大学城综合管廊,是国内规模较大、距离较长、基础设施较为成熟的综合管廊,长度为 17.4km,廊内共设计 5 种不同形式的断面,收纳了给水管道、电力电缆、通信电缆、热力管道和燃气管道等多种管线。2013 年,沈阳市完成浑南新城综合管廊一期工程,已建成长度为 20km,总规划管廊长度为 31.6km,管廊的整体设计呈网格状,将高压电力电缆和通信电缆两种管线纳入廊内。2014 年,国务院办公厅印发《关于加强城市地下管线建设管理的指导意见》,在随后几年中我国政策文件中多次提及城市综合管廊建设(表 1-1),综合管廊在我国开始进入建设的全盛期。2015 年,国家颁布了《关于组织申报 2015 年地下综合管廊试点城市的通知》,有 10 个大中城市入选。2016 年政府工作报告提出,将开工建设城市地下综合管廊 2000km 以上。2017 年,包头市建成新都市区综合管廊一期项目 5.8km,共计划建设管廊长度为 26.4km。2020 年年底,宁波市建成通途路综合管廊和杭州湾新区"两横四纵"综合管廊,长度分别为 5.4km 和 19.9km,建成之后为宁波市的城市建设注入新的生机。2022 年年底,武汉市武九综合管廊投入运营,电力、通信、燃气、供热、给排水等各种工程管线纳入廊内,全长 16.24km。

表 1-1　我国城市综合管廊部分政策文件

发文时间	文件名称	主要内容
2020 年	《关于加强城市地下市政基础设施建设的指导意见》	各地要统筹推进市政基础设施体系化建设,提升设施效率和服务水平,增强城市防洪排涝能力,建设海绵城市、韧性城市,补齐排水防涝设施短板,因地制宜推进雨污分流管网改造和建设,综合治理城市水环境。合理布局干线、支线和缆线管廊有机衔接的管廊系统,有序推进综合管廊系统建设

续表

发文时间	文件名称	主要内容
2021 年	《成渝地区双城经济圈建设规划纲要》	推进城市电力、通信、供水、燃气、污水收集等市政管网升级改造和向乡村延伸,合理建设城市地下综合管廊
2022 年	《关于印发扎实稳住经济一揽子政策措施的通知》	因地制宜继续推进城市地下综合管廊建设,指导各地在城市老旧管网改造等工作中协同推进管廊建设,在城市新区根据功能需求积极发展干、支线管廊,合理布局管廊系统,统筹各类管线敷设

随着城市化进程的加速和人们对城市基础设施需求的不断增长,国内的综合管廊建设逐渐普及和发展。现在,国内大多数城市都已经建设了综合管廊,为城市的可持续发展提供了重要的支撑和保障。

2. 国外发展历程

1)欧洲

19 世纪 30 年代初,在法国巴黎建立了世界上第一条城市综合共同管道,建设目的是改善城市的卫生系统,抑制流行病的传播和扩散,在下水管的管道系统中纳入了给水、排水、电力和通信电缆等,对居民的用水环境进行了重新规划和管理,为后续的流行病防治起到了明显的效果。欧洲其他国家在 20 世纪 80 年代也开始大力发展综合管廊技术。英国、德国和西班牙都建有相对成熟的综合管廊系统,可以提供水、电、气、通信等各种公共设施。这些国家在综合管廊的设计、建设和管理方面都积累了丰富的经验。同时,欧洲国家还开始将综合管廊纳入城市规划,将其视为城市基础设施建设的重要组成部分。

2)日本

日本是世界上最早实施综合管廊建设的国家之一。20 世纪 60 年代开始,东京等城市开始实施城市综合管廊建设,主要是为了解决城市电力和通信电缆过多、分散的问题。80 年代,日本开始广泛应用综合管廊技术,其中东京都市区内建成的综合管廊总长超过 200km。随着时间的推移,综合管廊的建设范围逐渐扩大,包括自来水、燃气、污水、热力等各种管线和设施。目前,日本综合管廊的建设非常成熟,综合管廊已经成为日本城市基础设施建设的重要组成部分。日本的综合管廊不仅提供了各种公共设施,还能够用于地下商业和地下公园等,成为城市地下空间利用的典范。

3)美国

20 世纪 60 年代初,美国开始将综合管廊纳入城市规划中,到 70 年代开始实施城市综合管廊建设,主要是为了解决城市各种管线和设施冲突、施工难度大等问题。1973 年,美国西雅图市建成了第一条现代化的综合管廊,随后各大城市也纷纷开始建设综合管廊。美国是世界上第一个实施城市综合管廊建设的国家,其建设规模非常庞大,已经形成了相对完善的建设体系和管理制度,许多大城市都已经实现了全面地下化,综合管廊在其中发挥了重要的作用。

总体来说,综合管廊在国外已经发展成为一种成熟的城市基础设施,而且也已经形成了相对完善的技术和管理体系。对于我国,随着城市化的进一步推进,综合管廊的建设将会成为城市规划和基础设施建设的重要组成部分。

1.2 研究意义和存在的问题

虽然我国综合管廊规划建设已经取得较大进展,但由于起步较晚,通风与防灾技术还不够完善,在管廊建设和运营维护中暴露出了许多难题,其中最突出的是管廊的高温高湿和火灾疏散问题。

由于综合管廊舱室全部处于地面以下,属于地下封闭空间,空气流动差,混凝土墙体与泥土接触会产生凝结水,从而导致舱室内部湿度较高,长期处于潮湿环境下,综合管廊主体结构以及入廊管线、支架的耐久性都会受到影响。同时随着综合管廊运行,廊内管线会不断释放热量,而综合管廊是长细比很大的狭长空间,湿热的空气会造成内部空气环境急剧恶化,长期高温高湿环境不利于廊内的传感器、电缆等正常工作,增加了发生火灾的概率,并不利于维修人员的维修与检修。因此,需要利用通风系统使其处于合适的温度和湿度。然而,目前国内关于综合管廊通风设计的有关规范仍不够完善,如《城市综合管廊工程技术规范》(GB 50838—2015)中虽然对通风系统做了说明,但过于简略,仅着眼于火灾通风控制与事故后机械排烟、燃气管道舱的正常与事故通风换气次数,未针对具体的通风状态参数进行说明,也没有针对综合管廊的通风除湿和排热问题做出有关规定。对于综合管廊通风系统,如果通风不足或者进风空气状态不达标,就达不到除湿和排热效果,而通风过量则会造成能源浪费。

国内关于综合管廊电缆舱室火灾研究起步较晚,在综合管廊规划之初,很多是借鉴公路隧道火灾来设计的。综合管廊在发展之初,由于设计考虑不周,对综合管廊中电缆输电的潜在威胁没有引起足够重视,发展较早的一些大城市老城区地下敷设的电线管沟存在较大安全隐患。随着社会的发展,城市工程的综合化程度得到了很大提升,综合管廊将电力电缆、通信电缆等管线纳入其中,一旦管廊内发生火灾事故,火苗会沿着电线电缆快速蔓延,其中的任何管线火灾都会对其他管线造成不可逆的影响。电力、通信等管线受到火灾影响,会造成线路中断,影响城市工程的正常运转,给人们生活带来诸多不便,也会对整个城市的经济造成难以估量的损失。另外,大部分的综合管廊位于地下,空间狭长又封闭,不仅火灾不易及时发现,而且对救援疏散工作带来很大的难度。

同时,随着全球变暖问题日益严重,温室气体排放已成为国际社会关注的焦点,建筑业作为温室气体排放的重要来源,受到了特别的关注。在城市化进程加速的背景下,综合管廊作为城市重要的基础设施之一,在建造和使用过程中耗费了大量能源,同时在竣工后因运营维护又消耗了大量电能,产生了大量温室气体,给自然环境带来沉重的负担。因此,减少城市综合管廊的碳排放对我国应对全球变暖问题具有重要的战略意义。我们需要积极推动综合管廊建设向绿色、低碳方向转变,以应对环境挑战,促进可持续发展。

因此,有必要对综合管廊的温度场特性、除湿方法和防灾技术进行研究,为城市综合管廊在实际设计、运营维护过程中提供理论支撑,保障城市综合管廊的安全运营。同时,综合管廊工程减碳潜力大,目前仍为研究空白,需要探究综合管廊碳排放计算模型、方法与减碳措施,为综合管廊低碳建造提供理论基础,指导综合管廊建设与通风系统设计。

1.3　国内外研究现状述评

1.3.1　城市综合管廊通风技术

通过调研文献发现,国内外学者对城市综合管廊通风方面的研究大多是借助数值模拟软件进行的,少数研究使用模型试验作为研究手段,研究大部分关注宏观的通风系统总体规划,少部分对通风系统设计理论进行了研究。

Ishii 等[1]基于可通过测量斯托克斯(Stokes)和反斯托克斯(anti-Stokes)线的拉曼反向散射来确定温度分布这一理论,研究了综合管廊的火灾探测系统。该系统每秒可扫描 5m 长度且温度测量精度为 5℃。

Yoo 等[2]运用计算流体力学(CFD)数值模拟软件,计算了隧道内电缆的空气温度、壁面温度、壁面加热值和隧道内风速,通过计算分析墙体的传热系数,确定了隧道内稳定空气温度的极限距离,最终提出了基于热阻分析技术的隧道温度预测模型,并评价了偏差在 3% 估计范围内的应用。

董骥等[3]结合北京市通州区综合管廊的工程实例,选择电力室进行计算和仿真,得出通风对管廊温度的影响,根据仿真结果优化了风亭的设置。

林圣剑[4]首先采用 CFD 数值模拟软件模拟了城市综合管廊燃气泄漏时的通风换气,然后利用模式识别理论,研究了燃气舱的通风控制方案。该研究将城市燃气舱中的燃气泄漏风险根据浓度情况划分为无泄漏、危险泄漏和泄漏减弱,针对上述三种泄漏风险分别设计了不同的通风方式,即正常通风、加强事故通风和最小事故通风。

陈虹[5]根据日本《共同沟设计指南》提出了共同沟通风计算方法及公式,该公式中首次考虑了土壤的热阻效应。

高增[6]采用理论计算的方法对综合管廊的通风系统进行计算,从消防安全、景观效果、投资造价等多角度进行分析,结果认为合理的通风分区长度可以超过传统规范的设计长度(200m),从而减少风亭建设数量,最终改善道路景观。

周游等[7]借助 CFD 数值模拟软件对城市综合管廊的电缆舱通风场景进行数值模拟,分析得到随着通风距离的增加,降温效果变差,导致局部温度过高;此外,在冬季要校核通风量以保证舱室温度不过低;电缆距管廊侧壁的距离越大,通风散热效果越好。

邱灏[8]采用数值模拟方法对综合管廊的通风方式进行了对比分析,并以空气温度、土壤温度、截面周长、防火分区长度、换气次数、电力电缆组数和热力管径等作为自变量进行通风量计算公式的拟合,拟合效果非常好(相对误差为 1%)。此外,该研究还对综合管廊燃气舱的通风进行了研究,并认为燃气舱事故工况通风量的确定需根据所纳入燃气管道的压力适当做出调整。

严永锋[9]基于信息化手段,将综合管廊内监测数据(如一氧化碳含量、温度、硫化氢含量、氧气含量)通过信息融合技术进行两级融合处理,结果表明融合模型可靠、有效,可为综合管廊风量调节系统的智能控制提供参考。

刘珊珊[10]以南京河西城市综合管廊为案例背景,深入分析了其湿热来源及造成的损害,并通过数值模拟分析了机械通风的不同进风温度、相对湿度以及通风量对管廊内部温度场和湿度场的影响。

洪娇莉等[11]对沿海地区综合管廊在高湿环境下的通风除湿进行了数值模拟分析,结果表明在通风作用下,温、湿度迅速降低,并且较快发生变化的位置出现在速度较大的地方,研究认为设计合理的通风系统是一种有效的除湿方法。

韦岩等[12]采用数值模拟方法针对截面形式对综合管廊通风散热的影响进行了研究,研究结果表明无论高宽比过大还是过小,都会产生局部区域的温度较高,整体散热效果不佳,因此宽度和高度相差不大的管廊往往散热效果较好。

刘旭辉[13]采用数值模拟方法对甘肃某城市综合管廊热力舱的散热和通风进行了研究,确立了热力舱散热和通风数值分析模型,初步探明电缆热源对供热管道散热的影响,并且得到机械通风的进风温度和排风量对舱内气流组织的影响。

Li 等[14]采用模型试验和数值模拟方法对城市综合管廊舱室通风阻力特性进行探究,得到了阻力系数与风量、当量直径、高宽比和管线面积占比之间的拟合关系,拟合效果较好。但是该研究忽略了支架的局部阻碍作用,导致通风阻力偏小。

闵绚等[15]采用数值模拟方法针对城市综合管廊的管线敷设和风机布置对其

通风阻力的影响进行了探究,结果发现入口发展流的阻力系数远比中部稳定流要大,并且排风口的风机布置应该采用并排平行的方式来有效减小通风阻力。

1.3.2　城市综合管廊防灾技术

通过调研文献发现,国内外多数综合管廊防灾研究集中于火灾情况,原因是综合管廊内部环境密闭,且布置有大量管线,在通风不足的情况下易发生火灾灾害。国内外学者对综合管廊防灾方面的研究集中在火灾温度场分布、火灾烟气运移情况和防灾通风方案等方面。

Kim 等[16]采用理论研究的方法,运用火灾动态模拟器(FDS)数值模拟软件对比分析了综合管廊矩形断面舱室和圆形断面舱室在火灾发生时的温度情况、烟气流动情况、空气流动情况等。

Seong 等[17]运用 CFD 数值模拟软件计算了火灾工况下综合管廊断面的温度分布,研究发现送风和排气中间点的温度分布没有改变,而湿度相对减少 30%,这一情况可能与换气量的增加有关。

Ko[18]通过建立地下管廊实际模型,研究了火灾在管廊中的特性,发现防火覆盖加热管的抗火时间约 30min。

Vauquelin 等[19]通过建立 1∶20 隧道模型研究了隧道火灾时排风管的位置与出口形状对烟气排烟的影响,确定了不同火灾热释放速率下的排烟效率。

Curiel-Esparza 等[20]研究了综合管廊内部有害气体的来源,分析了将有害气体降至最低的方法,以确保综合管廊安全运行。

Shen[21]运用 FDS 数值模拟软件研究了电缆桥架上电缆之间的间距对火灾的影响。

He 等[22]通过一系列试验,研究了自然通风条件下隧道内多池火灾的特点及危害。结果表明,在开放空间中,一维火焰阵列的特性不同于方形火焰阵列,同时建立了一个基于修正的火灾面积比的无量纲平均燃烧率预测模型。

Lacroix[23]研究了公路隧道火灾特性与起火点之间的关系。

Canto-Perello 等[24]基于安全管理的角度分析了综合管廊可能存在的危险情况,并提出了一些解决危险的措施。

Ingason 等[25]通过公路隧道小比例模型试验,分析了不同火灾条件下的火灾热释放率、温度变化情况、纵向通风风速等。

Oka 等[26]通过模型试验研究了公路隧道火源形状、火源大小、火源位置对临界风速的影响。Wu 等[27]利用不同横截面形式的模型,进行了隧道中临界风速的研究。Kurioka 等[28]采用 1/10 比例、1/2 比例、全比例矩形和马蹄形截面的三种模型隧道进行了试验,研究了不同截面形式公路隧道火灾临界风速的大小。

Rie 等[29]运用数值模拟与模型试验相结合的方法研究了地铁车站内机械排烟情况,得到了排烟口开启的最佳模式。Yoo 等[30]运用 CFD 数值模拟软件模拟计算了综合管廊电力舱中空气温度和壁面对流换热系数随壁面温度、电缆发热量及断面风速的变化情况。

Matsui 等[31]以电缆隧道为研究对象,分析了电缆隧道温度与外部因素间的关系。在火灾发生后事故工况的研究方面,Jang 等[32]采用 CFD 模拟的方式对综合管廊天然气舱进行了爆炸研究,分析了爆炸随时间的变化情况。

胡敏华[33]以深圳大盐综合管廊为背景,通过模型试验和数值模拟的方法研究了综合管廊内天然气管道的泄漏问题,研究了天然气的泄漏量和综合管廊天然气管道舱的断面宽度对火灾探测器响应时间的影响。通过得到的试验数据,拟合出了试验数据的分布特征,得出报警响应曲线的一般经验公式,为消防系统的设计提供了参考。

王恒栋[34]对综合管廊的安全保障措施进行了分析,包括结构安全性、防淹、防火、防人为破坏等方面。分析发现,防火分区的划分对综合管廊火灾起到关键性作用,应该设置合理的防火分区长度。

赵永昌等[35]运用 FDS 数值模拟软件分析了城市综合管廊电缆舱室火灾特性,得到管廊内的温度衰减规律以及烟气蔓延规律。结果表明,在不同火源功率下,烟气温度均呈现幂函数衰减;火源功率较大时,温度衰减梯度也较大,火灾烟气蔓延过程中存在烟气分层现象。

彭玉辉[36]运用 FDS 数值模拟软件研究了电缆隧道火灾热释放率、温度变化情况、CO 体积浓度等。研究发现,电缆起火点上方温度出现较大波动,并且 CO 火灾探测器不适用于狭长通道电缆火灾,否则极易造成火灾的误报。

李文婷[37]分析了不同工况下的电缆火灾,研究了不同纵向风速下电缆火灾蔓延过程、温度变化情况等。

苏洪涛等[38]对综合管廊电缆舱室存在的火灾安全隐患问题进行了调研分析,说明了电缆火灾主要是由电缆短路等电缆的自身原因引起的。

林俊等[39]基于 FDS 数值模拟软件研究了纵向通风风速和不同防火分区长度对综合管廊火灾时的烟气运动、温度变化情况、火灾蔓延速率、能见度情况等的影响规律。

徐浩倬等[40]研究了综合管廊单舱与双舱交叉口位置的火灾特性,研究表明,4MW 火源功率下,连通舱室的温度沿着纵向逐渐衰减,在电力夹层内烟气会发生紊乱现象。

孙瑞雪[41]运用 FDS 数值模拟软件对比分析了各类灭火系统对综合管廊火灾的适用性,并分析了管廊内通风与水喷雾相结合对灭火的影响。

王明年等[42]对义乌商城大道综合管廊工程发生火灾时的烟气蔓延情况与温度场情况进行了研究,同时分析了管廊断面尺寸对火灾热释放率的影响规律。

王明年等[43]针对电缆火灾对综合管廊电缆舱室损害及温度场分布进行了研究,得到综合管廊电缆舱室火灾时最大火灾热释放率为 11.5MW,当电缆燃烧范围在一个防火分区时可采用自动灭火与密闭条件来进行灭火。

唐志华[44]研究了城市综合管廊通风系统设计,总结了不同电缆管线散热量的计算公式,使用系数法修正了电缆总散热量。

杜长宝[45]采用模型试验测试了不同电缆材质火灾时的热释放率,得到了 $200\sim600s$ 是电缆舱室火灾剧烈燃烧阶段,其耗时占比为 23%,同时提出了无量纲临界风速的预测模型。

钱喜玲[46]研究了综合管廊天然气管道舱火灾特性,分析了火灾后烟气流动特性、温度场分布情况和天然气泄漏后扩散规律等。

付强[47]采用热重差分法对常见的几种电缆护套材质的热解反应进行了研究,分析了电缆护套材质在受热过程中的变化情况,并分析了燃烧后产生的尾气。

高俊国等[48]采用 FDS 数值模拟软件对电缆燃烧性能进行了研究,比较分析了箱体温度、火灾热释放率、燃烧前后温度和烟气层浓度。

刘浩男等[49]利用模型试验和数值模拟相结合的方法,研究了综合管廊发生火灾时,风速对烟气运动的影响。

王超[50]研究了高压细水雾灭火技术对火灾的抑制作用。

何明星等[51]基于性能化防火设计理念,对综合管廊电缆舱防火分区的尺寸进行了研究。

王振榕等[52]针对换气率对综合管廊电缆舱室火灾的影响,分析了不同换气率下 CO 体积浓度、烟气层运动特征与稳定性、温度场变化情况等。研究表明,11.8次/h 的换气次数能更好地抑制烟气层的运动。

陈宏磊[53]基于小孔模型试验,研究了综合管廊天然气管道舱火灾特性,计算了天然气的泄漏速率和火焰的燃烧速率。结果表明,在密闭的一个防火分区内,泄漏的天然气只能燃烧 3min,因此当天然气管道舱发生火灾时,建议采用关闭防火门的灭火方式。

高明旭[54]以某综合电缆舱为依托工程,利用模型试验与数值模拟相结合的方法,研究了电缆护套材料的热解参数,对防火门开启与关闭状态下的火灾特性进行了分析。

武晓飞[55]以合理性和经济性为原则,分析了城市综合管廊通风系统的设计方法。

石磊等[56]采用数值模拟方法研究了细水喷雾对综合管廊电力舱的灭火作用,

分析了不同细水雾粒径对底层电缆桥架温度场的影响规律,得到了合理的粒径取值范围。

李欣玉[57]对综合管廊电缆舱室火灾后的通风系统进行了研究,分析了不同风亭高度对排出烟气和 CO 体积浓度的影响规律,得到了更安全经济的通风系统。

刘海静等[58]采用模型试验方法研究了火灾起火方式、纵向通风风速、电缆敷设方式等对火灾温度场、CO 体积浓度和烟气运动的影响。

郝冠宇[59]采用 FDS 数值模拟方法研究了一侧进风一侧排风与中间进风两侧排风两种通风系统对综合管廊电缆舱室火灾的影响情况,得出一侧进风一侧排风通风系统的排烟效果更好。

席林等[60]比较分析了悬挂式超干细粉灭火系统与高压细水雾灭火系统对综合管廊电缆舱室火灾的抑制作用,得出了当管廊长度小于 2000m 时采用悬挂式超干细粉灭火系统,当管廊长度大于 2000m 时采用高压细水雾灭火系统。

曾艳华等[61]运用 FDS 数值模拟软件研究了妈湾跨海隧道通风排烟方式及排烟口开启状态对排烟效果的影响,对妈湾水下盾构隧道的排烟特性和排烟效率进行了分析,计算得到了纵向通风排烟方式的临界风速和重点通风排烟方式的最佳排烟量。

1.3.3　城市综合管廊低碳技术

文献调研发现,国内外学者对城市综合管廊低碳建造方面的研究相对较少,与之相比,地铁、隧道等其他地下工程行业在碳排放方面的研究较为充分。鉴于此,本书将借鉴其他地下工程的研究理论和成果,深入探讨城市综合管廊低碳建造技术,填补相关领域的研究空白,为该领域的学术研究和实践应用提供有益的参考和指导。

马晓宁等[62]采用 Bottom-up 模式对预制拼装再生混凝土小型综合管廊进行了全生命周期碳排放评价,明确了碳排放控制边界,进行了全生命周期阶段划分,建立了全生命周期碳排放评价模型。

Gustavsson 等[63]认为建材生产、现场建造、运行、拆除处置这四个阶段构成建筑的全生命周期。Bribián 等[64]同样将住宅建筑全生命周期划分为这四个阶段。Blengini 等[65]则认为建筑全生命周期评价主要包括原产品生产、运输和建造、建筑使用、终结处理四个阶段。Gerilla 等[66]将建筑全生命周期也划分为四个阶段,但阶段计量内容有差异,他们将原材料生产阶段忽略,而将使用阶段拆分为运行和维护两个阶段。Cole[67]在建筑全生命周期中将土建工程施工和装饰装修工程安装划分到不同的阶段,并将土建工程施工阶段细分为人材机运输、现场施工机具消耗和施工辅助措施三方面,对比研究了不同性质建筑的碳排放异同。

Fornaro 等[68]通过实地测量圣保罗大都会区内的 JQ 和 RA 公路隧道的排放数据,研究隧道使用阶段的碳排放,发现隧道内温室气体和污染物的浓度与通行车辆的数量和速度有很大关系,JQ 隧道内的二氧化碳浓度峰值为 0.055%,而 RA 隧道内的二氧化碳浓度更大,峰值达到 0.09%。

Huang 等[69]对挪威公路隧道的建设、维护和运营三个阶段进行碳排放研究,发现这三个阶段的碳排放量为 150 万 t CO_{2eq}/年。一条挪威标准公路隧道每年碳排放量至少为 310t CO_{2eq},则在其 100 年使用寿命中碳排放量至少为 3.1 万 t CO_{2eq}。当前现有全部挪威公路隧道的碳排放量至少为 830 万 t CO_{2eq},相当于 2011 年道路交通工具直接碳排放总量的 83%。建设阶段碳排放主要来源于混凝土、沥青、爆炸物和材料运输,而运营阶段碳排放主要来源于用电。

郭春等[70]借鉴城市碳排放核算的边界界定及其测度方法,研究了隧道排风换气系统的碳排放,从理论上明确了隧道施工排风换气系统碳排放的计算边界。

徐建峰等[71]借鉴建筑全生命周期碳排放计算模型,结合隧道工程的自身特点,通过理论分析的方法给出了单个隧道工程及其上游产品的碳排放路径和直接排放源,分为消耗施工材料、施工机械消耗电力、施工机械消耗燃料和运输工具消耗燃料所产生的碳排放四部分,并且提出了计量隧道物化阶段排放温室气体的方法,但他们并没进行案例研究。

贺晓彤[72]基于全生命周期评价理论,结合地铁明挖车站的特点,借鉴造价定额思路,建立了自上而下工作分解的分析框架和地铁明挖车站土建工程碳排放定额清单,计量了各分部分项工程以及建材生产阶段和施工阶段的碳排放,并且定量评价了埋深和车站宽度对车站土建工程建设期碳排放的影响。

刘娜[73]基于全生命周期评价理论,将建筑全生命周期划分为规划设计、建材生产、建造施工、使用维护、拆除清理五个阶段,根据我国的实际情况和各阶段的特点确定建筑全生命周期的碳排放来源。通过数据分析,建立包括主要建材种类和数量、机械类型和机械台班用量、使用阶段各种能源的消耗量等数据清单,构建了建筑全生命周期碳排放的计算模型。

李乔松等[74]基于排放系数法,对虹梅南路隧道施工现场能耗进行实时统计,计算出该隧道工程建造阶段每一环的实际碳排放量,并结合地层与施工参数对施工碳排放环与环之间的差异性进行了分析探讨。结果表明,盾构施工平均每环碳排放量约为 56t CO_{2eq},其中材料碳排放量约占 93%。

赵秀秀[75]通过模型与绿色建筑评价标准对比了绿色建筑与普通建筑的碳排放差异。结果显示,由于采取各项绿色建筑措施,该工程至少减少了 23056t CO_{2eq} 的碳排放,并结合案例和现有文献研究,分析了提升围护结构性能、提高空调冷热机组能效、绿地碳汇、照明节能四项主要绿色建筑措施的减碳经济效益与环境效益,这四项措施基本上具有良好的经济效益与环境效益。

秦鹜等[76]以地铁车站建筑为研究对象计算其全生命周期碳排放量,并分析其碳排放特征和变化规律。研究发现,相比常规建筑,地铁车站建筑物化过程碳排放在其全生命周期中的比例明显更高,在车站使用年限为 50 年时可达 49%。最后基于地铁车站碳排放特征,对其全生命周期内的减排提出针对性的建议。

皮膺海[77]基于全生命周期评价理论,提出了适用于地铁盾构施工碳排放测算的框架,借鉴了工程量清单预算中定额计价的形式,提出了利用工程定额来对碳排放量进行汇总计算的模型。

郭春等[78]通过统计调研近 10 年来的相关文献,总结了目前交通隧道碳排放计算分析的研究现状。结果表明,目前国内外常基于全生命周期评价开展隧道全生命周期的碳排放研究,同时选用排放系数法进行计算;多数文献主要围绕公路隧道、盾构隧道施工期的碳排放开展计算和减排分析,一般将隧道施工期碳排放划分为材料生产、材料运输和现场施工三个阶段。

徐建峰[79]以隧道定额体系为基础,结合模块化全生命周期评价方法,针对传统计算数据利用率低、工作量高的缺陷,提出了一种面向单元工程量的碳排放计算路径,建立了隧道开挖支护碳排放模块化计算方法,并给出了基准情景下的隧道施工基元投入和碳排放清单;计算了实际工程案例隧道衬砌设计的每延米开挖支护碳排放,分析了不同模块或模块集合的碳排放特性,涉及的围岩地质条件包括围岩级别、埋深和围岩质量;采用模块化碳排放计算方法,分析了隧道设计参数改变对开挖支护碳排放的影响规律,便于隧道设计者在设计阶段估算设计参数优化带来的减排潜力,为明确最优低碳设计方案提供了经验参考。

陈飞等[80]考虑地铁对私家车的替代作用,建立了低碳交通发展模型,计量分析了上海市地铁碳排放。

郜新军[81]对比研究了国内外关于地铁系统全生命周期碳排放评价及减排的体系和方法,主要分析了地铁车辆与站点建筑的集成优化控制策略和多车刹车能再生技术,并评价了它们的环保效果。

龙江英[82]对地铁运营阶段碳排放进行了研究,运用 VB 程序建立了计算地铁车辆和车站耗电的简单模型,通过地铁车辆和车站运行过程中的各项耗电量乘以电力碳排放因子来计量运营阶段的碳排放量。

谢鸿宇等[83]从车辆牵引用电和车站用电两方面分析了深圳地铁运营阶段的碳排放。

王幼松等[84]针对地铁建设工程盾构区间物化阶段碳排放开展研究,综合考虑了盾构区间土建设施与相应配套设施,将建材、预制构件的生产运输和安装涵盖在碳排放边界中。

曾智超[85]研究发现,一定程度上,地面交通被地铁代替,尾气排放总量降低了,但人流车辆聚集的接驳区域的环境反而恶化了。

Fei 等[86]对我国南方某山区公路的材料生产、建设和运营阶段及各分部工程的碳排放进行研究,发现能耗贡献阶段由大到小为生产阶段、运营阶段和建设阶段。在建设阶段,隧道工程的单位能耗最高,约是路面工程的 67 倍。在运营阶段,隧道通风和照明用电占该阶段用电总量的 85%。

陈坤阳等[87]为合理量化地铁盾构隧道建设的碳排放水平并测度其减排潜力,采用全生命周期评价(LCA)方法开展地铁盾构隧道建设阶段碳排放评价工作,并结合实际工程数据进行碳排放强度和水平量化分析;同时,基于情景分析法从推广绿色建材及清洁能源等角度探究其减碳潜力。

侯敬峰等[88]采用建筑信息模型(BIM)技术,通过工程量清单计碳方法,计算北京某地铁车站工程项目的基坑支护与地下车站结构装配式一体化建造技术的碳排放,并与传统明挖法工艺的碳减排进行对比。结果表明,基坑支护与车站地下结构装配式一体化建造技术相对于传统明挖法施工,在人、材、机各方面都达到了不同程度的减排效果,整体碳排放量减少约 30%,减碳效果十分显著。

粟月欢等[89]基于全生命周期评价方法,以深圳市为研究区域,定量分析了地铁建设过程中的资源与能源消耗强度,选取全球变暖潜能值(global warming potential,GWP)为度量指标,构建了地铁建设碳排放分析框架及测算方法,并基于情景分析法预估了减排潜力。

张扬等[90]通过分析主要结构材料在生产、运输阶段的碳排放,研究了地下车库结构设计中混凝土强度等级、梁柱截面、梁板布置方案的影响。结果表明,适当提高柱混凝土强度等级、梁板布置采用双次梁方案可有效降低结构材料的碳排放量,可供设计时参考。

1.4　城市综合管廊建设现状

城市综合管廊发源于欧洲,1833 年法国建造了世界第一条城市综合管廊。我国于 1958 年在北京天安门广场下铺设了第一条综合管沟,而真正的建设起步时间始于 1994 年开发上海浦东新区时在张杨路修建的全长 11.125km 的地下管廊,直到 2015 年才开始了井喷式的发展,成为世界上综合管廊建设速度及规模最大的国家。

根据资料调研,搜集到了法国、捷克、日本、新加坡、中国香港、德国共 6 个典型国家和地区综合管廊建设背景,如表 1-2 所示。

表 1-2 典型国家和代表性地区综合管廊建设背景

国家和地区	名称	综合管廊建设背景
法国	综合管廊	1833 年,为抑制公共卫生疾病,开始规划建设完整的市区地下水道系统网络,成为历史上最早的综合管廊形式,现已形成 2374km 的排水管廊系统
捷克	综合管廊	为做好布拉格旧城保护更新和新城建设,1969 年建设了第一条综合管廊,到 2006 年,布拉格已建造地下管廊总长约 90km
日本	共同沟	为减少地震等自然灾害带来的次生灾害,1923 年,日本土木学会提出建设干线共同沟,到 2015 年,全国约有 9000km 左右的缆线共同沟
新加坡	公共服务设施隧道	20 世纪 90 年代末,首次在滨海湾推行公共服务设施隧道建设,2007 年建成第一条公共服务设施隧道
中国香港	公用设施和事业设施共用隧道	建设起步较晚,因掘路施工过多被市民投诉,2002 年开始研究在地下兴建大型隧道
德国	综合管廊	1893 年,在汉堡市的 KaiserWilheim 街两侧人行道下方兴建 450m 的综合管廊,收容暖气管、自来水管、电力电缆、通信缆线及燃气管,但不含下水道

相比国外城市综合管廊的发展,国内在该领域起步较晚,且综合管廊引进前期发展缓慢。国内一些城市已经建成运行的综合管廊均取得很好的效果,利用城市地下综合管廊来取代传统的直埋式管线或高空电线电缆,需要得到国家的进一步重视。表 1-3 列举了国内一些城市综合管廊的建设情况。近年来,很多城市出台政策支持综合管廊建设,尤其是新区建设方面,如天津、大连、沈阳、青岛、宁波、哈尔滨等。2015 年 8 月,国务院办公厅印发《关于推进城市地下综合管廊建设的指导意见》,促成新一轮的综合管廊建设热潮。

表 1-3 国内城市综合管廊建设情况

年份	城市	管廊名称	长度/km	断面尺寸(宽×高)/(m×m)
1994	上海	张杨路综合管廊	11.125	3.17×2.7
1999	杭州	城站广场综合管廊	1.1	5.1×4.5
2002	北京	中关村西区综合管廊	1.9	4.1×2.1
2004	上海	安亭新镇综合管廊	5.78	3.1×3.2
2004	广州	广州大学城综合管廊	17.4	2.8×2.6
2009	上海	上海世博园综合管廊	6	2.7×3.2
2009	广州	广州亚运城综合管廊	5.8	5.3×3.7

年份	城市	管廊名称	长度/km	断面尺寸(宽×高)/(m×m)
2010	深圳	光明新区综合管廊	22	3.6×6.9
2012	沈阳	浑南新区综合管廊	19.3	2.4×2.6
2013	珠海	横琴综合管廊	33.4	5.5×3.2
2014	南京	浦口新城综合管廊	12.5	3.4×2.9
2014	成都	红星路南延线段一期综合管廊	2.79	5×3
2015	石家庄	正定新区综合管廊	19	4.2×7.6
2016	北京	曹园南大街、颐瑞东路综合管廊	3.8	14×3
2017	成都	日月大道综合管廊	5.7	13×3
2018	合肥	高新区综合管廊	20.29	11.25×4

　　从以上调研可以看出,国内综合管廊技术起步较晚,且前期发展缓慢,由于各种原因,没有得到很大发展,与西方发达国家和日本相比,国内的综合管廊建设规模还存在很大的差距。但进入 21 世纪后,随着我国国民经济的增长,国家越来越认识到综合管廊对于现代化城市的重要性,先后出台了一大批支持性政策,综合管廊建设在国内得到了飞速发展,由原来的小断面尺寸变为超大断面尺寸,由单舱室变为三舱、四舱、六舱室等。同时,国内有的城市将综合管廊与地铁合建,将综合管廊的定义推上了一个新的台阶。在综合管廊的功能定义上,国内对如何将不同管线、电力管道、给水排水管道、热力管道等集中敷设的技术越来越完善。

　　由于各个城市的地质、市政情况不同,不同城市也选择了不同的管廊长度、断面、形状、埋深及开挖方法。贵州省六盘水市是我国西南部唯一入选的第一批综合管廊试点城市,地下管廊的建设非常符合该市的条带状城市布局。该市管廊主要采用单舱、双舱和三舱单层矩形框架结构,基本采用明挖法施工。管廊修建总长度为 39.7km,其中老城区综合管廊长 23.9km,新城区综合管廊长 15.8km;成都市管廊工程多采用明挖现浇法施工,覆土厚度多在 3~6m,采用多舱矩形断面;广州市地下管廊大多埋深较浅,广州大学城综合管廊和知识城综合管廊埋深均为 1.5m,采用明挖法进行修建,轨道交通十八号线综合管廊则采用盾构法修建,覆土厚度为 8~28m;青岛市城市综合管廊建设以现浇为主,部分区域尝试小尺寸断面预制施工,断面以多舱为主。

　　国内管廊施工方法主要有明挖法、盾构法,少数采用暗挖法,目前明挖法施工在实际应用中仍然占主导地位。明挖法包括基坑工程与主体结构两部分内容,其中围护结构的选择与施工也是决定工程安全的关键。由于地下管廊顶板、侧壁厚度不大,基坑面积不大,深度不深,从经济角度来看,不宜采用钻孔灌注桩、地下连续墙,甚至大型基坑常用围护的水泥土搅拌桩墙(SMW)工法,最为经济的是放坡开挖,但往往因为场地原因无法实施。对于体量较小的地下管廊工程,常采用临时围护结构,如可拆卸的钢支撑体系等,施工完成后,材料全部回收。部分管廊工程地质条件较差,或对防水有较高要求的,会采用灌注桩等围护结构。

1.5　国内外现行技术规定调研分析

本节将调研国内外典型国家综合管廊相关政策法规及技术标准情况,并将日本综合管廊设计标准与我国《城市综合管廊工程技术规范》(GB 50838—2015)[91]进行对比,参考文献[92]中的调研方法,分别从其建设背景、行业标准体系构成、条文规定、衡量标准等方面展开对比分析,总结各个国家和地区的科学做法和先进经验,归纳出尚待完善优化之处,为今后规范修编提供一定的借鉴。

1.5.1　典型国家和地区综合管廊相关政策法规及技术标准情况

1. 日本

日本的共同沟源于 1911 年内务省对欧洲共同沟的考察,1919 年日本政府文件中首次出现共同沟这一名称,并计划在东京建设总长 509km 的共同沟。正式建设始于 1926 年,1993～1997 年为日本共同沟建设的高峰期。据有关部门统计,截至 2015 年 8 月,东京市已修建的地下共同沟总里程约 126km。

日本共同沟相关法律法规如表 1-4 所示。日本共同沟的法律法规体系发展是相对健全且完善的,这也是日本成为世界公认的共同沟发展得最成熟、最先进国家之一的重要原因。日本的先进经验可以归纳为立法优先,从国家层面,用完善的法律法规体系为综合管廊的规划设计、建筑施工、运行管理阶段提供坚强的保障、监管和约束,做到有章可循、有法可依,这恰恰是当前我国综合管廊建设亟待提升的方面。

表 1-4　日本共同沟相关法律法规

颁发时间	法规名称	特点或意义
1963 年	《关于设置共同沟特别措施法》	从国家立法的角度推动了日本共同沟的发展
1964 年	《关于设置共同沟建设特别措施法》	从法律层面不断给予保障
1986 年	《共同沟设计指南》	是日本共同沟规划设计标准

颁发时间	法规名称	特点或意义
1991 年	《地下空间公共利用基本规划编制方针》	成立了专门的共同沟管理部门,专职负责推动建设工作
1995 年	《电线共同沟整备等相关特别措施法》	电线共同沟的设计依据
2001 年	《大深度地下公共使用特别措施法》	地下空间开发利用的法律由单一管理转向综合管理

2. 德国

1893 年,德国在汉堡市的 KaiserWilheim 街两侧人行道下建 450m 的综合管廊,用于收容暖气管、自来水管、电力电缆、通信缆线及燃气管,但不含下水道。德国第一条综合管廊兴建完成后产生了使用上的困扰,自来水管破裂使综合管廊内积水,当时因设计不佳,热水管的绝缘材料使用后无法全面更换。沿街建筑物的配管需要以及横越管路的设置导致发生常挖马路的情况,同时因沿街用户的增加,规划断面不能满足日后的需求容量,不得不在原共同沟外的道路地面下再增设直埋管线,尽管有这些缺失,但在当时评价仍很高,所以 1959 年又在布白鲁他市兴建了300m 的综合管廊,用于收容燃气管和自来水管。1964 年,苏尔市及哈利市开始有兴建综合管廊的实验计划,至 1970 年共完成 15km 以上的综合管廊建设并开始营运,同时也拟定在全国推广综合管廊的网络系统计划。德国综合管廊共收容的管线包括雨水管、污水管、饮用水管、热水管、工业用水干管、电力电缆、通信电缆、路灯用电缆及燃气管等。

德国的城市综合管廊管理涉及多个法律条文和规定。其中,《城市排水条例》、《建筑物使用条例》和《城市管理条例》是三个关键的法律条文,详见表 1-5。这些法律条文规定了城市排水系统的设计、建设、维护和管理等方面的要求,包括对排水管道的定期检查、清洗和修复,以及建筑物排水系统的要求,如防止污水倒流和泄漏。

3. 新加坡

在新加坡,综合管廊被称为公共服务设施隧道(common services tunnel,CST)。20 世纪 90 年代末,新加坡首次在滨海湾推行 CST 地下建设,2007 年,政府耗资超过 3.3 亿元,在滨海湾建成新加坡第一个 CST,由国家拥有和管理,隧道里有电缆、水管和区域供冷管。这种"一次投入、长期受益"的做法有利于降低运营维护成本,便于高效管理,成为新加坡在地下空间开发利用方面的一个成功案例。

表 1-5 德国综合管廊规范条例

条例名称	条例内容
《城市排水条例》	规定了城市排水系统的设计、建设、维护和管理等方面的要求。其中第 11 条规定了城市排水管道的维护和清洁要求,包括对管道进行定期检查、清洗和修复等
《建筑物使用条例》	规定了建筑物的设计、建设、使用和管理等方面的要求。其中第 48 条规定了建筑物的排水系统必须符合城市排水条例的规定,并且必须采取措施防止污水倒流和污水泄漏
《城市管理条例》	规定了城市管理的各项要求,包括对城市基础设施维护和管理等方面的要求。其中第 20 条规定了城市基础设施的维护和管理必须符合相关的法律法规,包括《城市排水条例》和《建筑物使用条例》的规定

新加坡政府通过立法澄清灰色地带,加强管制公共服务设施隧道。2018 年 4 月 11 日,新加坡正式颁布实施《2018 年公共服务设施隧道法》。该法案共六章,分别是总则、行政、公用服务隧道区域、与共同服务隧道和辅助设施有关的权力、犯罪和执法、其他事项。

新加坡在市政建设方面一直坚持的"先规划后建设、先地下后地上"和"需求未到、基础设施先行"的理念值得我国学习和借鉴。

4. 中国香港

城市综合管廊在我国香港地区被称为公用设施和事业设施共用隧道,建设起步较晚。香港地下管线保有量大,平均每公里路面下有 50km 的地下管线。2002 年以前,这些市政设施管线都一并设于人行道或马路之下,铺设混乱,经常要掘开地面进行维修,市民因此产生的投诉案件也逐渐增多。2002 年起,香港特区政府开始研究在地下兴建大型隧道,一并埋置电缆、燃气管和水管等公用设施,有效缓解了"马路拉链"问题。

香港特区政府没有制定专门的城市综合管廊设计规范,而是由各公用事业的管理机构(如屋宇署、消防处等)制定各类指南,用于专门阐述法律条文或规定运营细则[93]。表 1-6 列出了一些相关技术规范,这些法律规章对公用事业运营做了详尽具体的规定,指明了规范运作的方向和程序。

5. 捷克

表 1-7 列出了捷克地下市政管线相关的法规规范,捷克没有国家层面出台的综合管廊专用法规或规范,仅有一份 2006 年布拉格市发布的《布拉格地下市政管

线廊道研究报告》(简称《报告》),为后续编制和发布的技术标准、管理操作手册提供了研究基础和导向。《报告》明确了布拉格地下管廊主要是岩石中的隧道形式,分为第二类和第三类管线地下廊道,分别称为干线管廊(埋深 25~30m)和支线(分配)管廊(埋深 6~10m),其内涵与中国的管廊标准相似;确认了市政管线入廊对于布拉格旧城保护、更新和新城建设的显著优势,以及商业化利用地下管廊对回收大规模投资的好处;布拉格市已建造的地下管廊总长约 90km,在过去的 50 年中,对布拉格管廊建设的技术问题给出了详细的分析建议。这些建议包括地下管道的设计、建设、维护和管理等方面的要求,以及对地下管道的定期检查、清洗和修复等维护措施的建议。通过这些措施,布拉格市政府成功实现了城市基础设施的集中管理和维护。

表 1-6　中国香港地区公用设施和事业设施共用隧道相关技术规范

规范名称	颁布单位	规范用途
Code of Practice for Structural Use of Concrete(2013) 《混凝土结构使用实施规程》	屋宇署	结构设计
Code of Practice for Precast Concrete Construction(2016) 《预制混凝土施工规范(2016 版)》	屋宇署	预制混凝土施工
Code of Practice for Fire Safety in Buildings(2015)	消防处	建筑消防安全
Code for Practice for Minimum Fire Service Installations and Equipment and Inspection Testing and Maintenance of Installations and Equipment(2012)	消防处	消防设施设置
Guide to Fire Safety Design for Caverns(1994)	建设局及消防处	地下洞穴的 消防安全
Guide to Utility Management(2011) 《公用事业管理指南》	香港政策 研究所	公用事业管理

表 1-7　捷克综合管廊技术规范

规范名称	颁布单位	意义或影响
《布拉格地区综合管廊及其管线网络的管理、 运行和维护操作规则》	Kolektory Praha 公司	企业领衔的地方标准

6. 法国

1833 年,为有效控制通过污浊河流(饮水源)扩散的霍乱等卫生疾病,巴黎开始系统规划设计下水道,并开始了大规模建设。

法国没有针对综合管廊制定专用的法律、规范标准,本书从多个方面收集和整理了《城市地下综合管廊实用指南》(法语)、《国家综合管廊发展项目——土地之钥》(法语)等资料信息。《城市地下综合管廊实用指南》是依托"土地之钥"项目的全周期、全方位指南,分为上、下两册,包括三个组成部分。上册包括第一章和第二章两部分,主要为政府决策者、投资者、业主和规划决策者提供指导;下册是第三章(第三部分),主要为管廊的工程技术、财务管理、合同和法律管理提供详细的具体操作。其核心是围绕市政管线进入廊道空间带来的集中布局所带来的结构物建造使用成本、安全风险、投资和运营主体利益分配,以及管线入廊带来的管线技术新措施,为决策、工程、财务、法律方面的工作人员提供技术标准的指导以及操作技术的支持。

经过背景资料搜集与整理,发现各典型国家和地区综合管廊的建设体系主要分为两类:一是以日本、中国为代表的亚洲地区,非常重视综合管廊工程技术标准、设计规范建设,形成了专用的、相对完善的综合管廊设计技术标准和设计规范,定义为"专用型"标准体系;二是欧美国家、新加坡等,没有设置专用的综合管廊相关的工程技术标准、设计规范,各设计环节需要参考国家和地区管理部门发布的通用技术标准、规范,除专用管廊及企业标准的条款具备一定的强制性要求外,其他发布的综合管廊技术指南和研究报告等一般仅供政府部门、投资建设主体、技术部门和技术人员进行管廊项目立项、规划建设和运行管理的技术指导与参考使用,并不具备强制性和统一规范性,定义为"参照型"标准体系。

因此,后续研究将对"专用型"标准体系进行具体对比,以日本规范标准中与通风系统相关的条文作为重点展开对照分析,从而对我国综合管廊通风系统设计运行提出完善的优化建议。

1.5.2　技术规定对比

选取中国《城市综合管廊工程技术规范》(GB 50838—2015)(以下简称中国标准)和日本《共同沟设计指南》(1986)(以下简称日本设计指南)进行对比(表 1-8),分析各技术规范在与通风系统相关的条文孔口设计、节点设计、通风设施设置等一些通风关键技术上的技术指标、设置依据的差异之处。

表 1-8　中国与日本的综合管廊技术规范情况

国家	主要技术规范名称	章节内容
中国	《城市综合管廊工程技术规范》(GB 50838—2015)	共 10 章,包括总则、术语和符号、基本规定、规划、总体设计、管线设计、附属设施设计、结构设计、施工及验收、维护管理
日本	《共同沟设计指南》(1986)	共 8 章,包括总则、基本计划、设计计划、调查、主体结构物的设计、抗震设计、临设结构物的设计、附带设备等的设计

1. 适用阶段对比

日本设计指南适用于工程的调查、规划及设计阶段，而中国标准未涉及规划前调查阶段的内容。

中国标准针对施工及验收和维护管理等方面的内容做出了规定，而日本设计指南未见有相应的规定。这是因为日本有完备的法律体系，对规范管廊的运营维护管理起到重要的保障指导作用，无须在设计规范中体现。

2. 适用范围对比

日本设计指南基本覆盖了明挖法综合管廊全专业的整个设计过程，主要适用于构筑地下钢筋混凝土的共同沟场合，该指南提出对未明示的事项或特殊工法或采用结构时进行必要亦适当的补充，可按照该指南使用。

中国标准适用范围更广，除对明挖法的现浇混凝土、预制拼装混凝土管廊结构进行详细规定外，还对矿山法、盾构法、顶进法施工的综合管廊结构设计进行了规定，尤其是对矿山法施工的综合管廊结构设计规定明细，易于指导设计和施工。

3. 主要技术条文对比

值得注意的是，关于节点间距及尺寸，在日本设计指南中并未对节点间距和安全等做出具体规定。对于人员出入口，中国标准中也没有给出具体详细的规定，只有"宜与逃生口、吊装口、进风口结合设置，且不应少于 2 个"的规定。然而，在逃生口的间距上，中国标准按照舱室类型进行了规定，规定了距离在 100～400m 的具体数值。在吊装口间距上，中国标准规定"最大间距不应超过 400m"。关于通风口间距，尽管日本设计指南与中国标准均未明确规定，但一般会按照 200m 的间距进行设计。

中国标准与日本设计指南综合管廊节点设计对比如表 1-9 所示。中国与日本规范对于综合管廊通风系统设计条文对比如表 1-10 所示。根据日本设计指南，出入口的风速上限应控制在 5m/s 内，管廊内断面的风速上限应为 2m/s，而换气时间应在 30min 以内。中国标准则更加具体，规定了不同舱室在正常工况和事故工况下的通风换气次数最小值，同时要求在管廊温度达到 40℃时启动风机，在出口处的风速不应超过 5m/s。

与日本设计指南相比，在规划、设计方面，中国标准的规定整体上更加详细，指导设计的操作性更强，对管廊的安全性要求更高，适用范围也更广；在节点设计方面，中国标准对于节点设置分类和间隔更明确，但对于通风口间距缺乏具体要求；

在通风系统方面,中国标准明确了正常通风和事故通风工况下的最小通风换气次数和启动风机的管廊温度。相比之下,日本设计指南要求出入口风速上限不超过5m/s,管廊内断面风速上限为2m/s,换气时间不超过30min,但并未明确设置事故通风工况。

表 1-9　综合管廊节点设计对比

规范	章节内容
中国标准	5.4.3 综合管廊人员出入口宜与逃生口、吊装口、进风口结合设置,且不应少于 2 个。 5.4.4 综合管廊逃生口的设置应符合下列规定: 　(1)敷设电力电缆的舱室,逃生口间距不宜大于 200m。 　(2)敷设天然气管道的舱室,逃生口间距不宜大于 200m。 　(3)敷设热力管道的舱室,逃生口间距不应大于 200m。当热力管道采用蒸汽介质时,逃生口间距不应大于 100m。 　(4)敷设其他管道的舱室,逃生口间距不宜大于 400m。 　(5)逃生口尺寸不应小于 1m×1m,当为圆形时,内径不应小于 1m。 5.4.5 综合管廊吊装口的最大间距不宜超过 400m。吊装口净尺寸应满足管线、设备及人员进出的最小允许限界要求
日本设计指南	5.9.1 自然换气口 　(1)自然换气口兼出入口,取考虑到维护管理及防灾的结构。 　(2)自然换气口必须是考虑到能够吸入外气的结构。 　(3)设置场所取中央分隔带或步道。关于步道,对车库及其他车辆的出入口等研究后决定位置。 　(4)燃气隧洞的换气口取与其他隧洞的换气口分离的结构。 　(5)内室的最小高度取 2.1m。 5.9.2 强制换气口 　(1)强制换气口取用换气扇等强制排气的结构。 　(2)强制换气口与自然换气口交替配置。 　(3)换气口的设置场所除要充分考虑 5.9.1 自然换气口一项的内容外,还要考虑由换气扇产生的噪声等进行研究后决定。 　(4)燃气隧洞的换气口取与其他隧洞的换气口分离的结构。不得已无法分离的场合,取对隧洞内的附带设备(电气)的防爆及安全性有充分考虑的设施。 　(5)内室的最小高度取 1.5m

表 1-10　综合管廊通风系统设计条文对比

规范	条文规定
中国标准	7.2.1 综合管廊通风宜采用自然进风和机械排风相结合的通风方式。天然气管道舱和含有污水管道的舱室应采用机械进、排风的通风方式。 7.2.2 综合管廊的通风量应根据通风区间、截面尺寸并经计算确定,且应符合下列规定: 　　(1)正常通风换气次数不应小于 2 次/h,事故通风换气次数不应小于 6 次/h。 　　(2)天然气管道舱正常通风换气次数不应小于 6 次/h,事故通风换气次数不应小于 12 次/h。 　　(3)舱室内天然气浓度大于其爆炸下限浓度值(体积分数)20%时,应启动事故段分区其相邻分区的事故通风设备。 7.2.3 综合管廊的通风口处出风风速不宜大于 5m/s。 7.2.6 当综合管廊内空气温度高于 40℃或需进行线路检修时,应开启排风机,并应满足综合管廊内环境控制的要求
日本设计指南	8.4 换气设备 设计换气设备时,考虑换气方式、换气口位置及附带设备的收容计划,换气容量的计划以下述为标准: 　　(1)电气方式为三相 3 线式 200V(50Hz、60Hz)。 　　(2)换气口的出入口风速在 5.0m/s 以下。 　　(3)隧洞内风速在 2.0m/s 以下。 　　(4)电力隧洞出入口的空气温度差在 8℃以内。 　　(5)换气所需时间在 30min 以内。 　　(6)运转操作有自动运转、手动运转、遥控。 　　(7)换气口产生的噪声取各地条例规定的标准以下

第 2 章　城市综合管廊等效通风摩阻研究

近年来,为保证推进解决城市管线管理及治理"拉链式"马路问题,城市综合管廊逐渐兴起。城市综合管廊为城市运行提供必不可少的支持,包括水资源、能源和信息流等多种资源的输送,可以说,城市综合管廊是现代化城市的重要支撑和保障。但同时把大量的市政管线集中于同一封闭空间中,势必会对管廊的运营带来困难,其中综合管廊内部的通风系统设计问题尤为突出。综合管廊内部支架、管线繁多,对通风设计造成严重困难,尤其是缺乏通风摩阻系数的计算理论及公式。本章以实际工程为背景,讨论综合管廊中影响通风摩阻系数的主要因素,并给出相应的通风设计计算公式。

2.1　城市综合管廊通风摩阻特性及计算理论

2.1.1　城市综合管廊通风摩阻研究存在的问题

城市综合管廊的建设减少了"拉链式"马路的问题,同时提高了管廊管线运营管理的效率。目前各大城市均在推进城市综合管廊的建设,随着城市综合管廊的日益增多,其断面形状、断面面积、管线容纳数量都呈现出多样化的趋势,为了保证城市综合管廊的安全高效运行,合理的通风系统必不可少。当前城市综合管廊的通风系统设计仍存在以下亟待解决的问题。

(1)当前关于城市综合管廊的设计总体上仍然比较宏观,缺乏对影响因素的考虑。当前涉及管廊通风系统设计的规范只有《城市综合管廊工程技术规范》(GB 50838—2015),其规定综合管廊宜采用自然通风和机械通风相结合的通风方式,通风量应根据通风区间长度、截面尺寸计算确定。另外,城市综合管廊的通风应符合以下强制规定:①一般管道正常通风换气次数不得小于 2 次/h,事故通风换气次数不得小于 6 次/h;②天然气管道正常通风换气次数不得小于 6 次/h,事故通风换气次数不得小于 12 次/h;③管廊内天然气浓度大于其爆炸下限浓度(体积分数)的 20%时,应开启事故段分区及其相邻分区的事故通风设备;④综合管廊的通风口出风风速不宜大于 5m/s。这些要求是针对城市综合管廊的宏观设计要求,还没有深入到考虑城市综合管廊内部的通风摩阻效应。

（2）当前关于城市综合管廊的通风摩阻研究没有充分考虑管廊内部局部阻力的影响。部分学者针对管廊内部通风摩阻等方面的内容开展了一些研究,但关注点主要集中于管线影响的沿程阻力,少有研究涉及管廊内部的局部阻力,尤其是纵向长度的支架引起的局部阻力。然而,在管廊内部承载管线的支架布置密集,初步研究发现,支架的存在会显著增加整体通风阻力损失。目前,支架、管线等对整体通风阻力的影响机理并没有相关成熟的理论或者计算公式,国内相关规范只是规定了换气次数和局部风速大小,没有明确的、专门的通风设计标准。同时由于城市综合管廊涉及管线种类繁杂、数量庞大、特性纷杂(如电缆、燃气等管线的易燃易爆特性),其通风摩阻系数的研究与隧道等狭长地下构造物相比有很大区别,需要进行专门研究。

为了探究城市综合管廊内管线、支架等障碍物对通风的阻碍作用,本章将进一步讨论研究管线、支架对通风的影响,并重点分析不同管线、支架布置情况对综合管廊通风的影响。同时结合实际工程,探究城市综合管廊通风摩阻系数计算公式,包括等效摩阻系数计算公式和单支架局部阻力系数计算公式。

2.1.2　通风摩阻计算理论

城市综合管廊与其他地下建筑工程(交通隧道工程、矿井工程等)相似,在通风过程中会受到明显的通风阻力,具体包括沿程阻力、局部阻力和热阻力。

沿程阻力:当空气在管廊内部流动时,靠近壁面的流体域会由于壁面粗糙不平而产生显著的摩擦阻力,为克服摩擦阻力而产生的能量损失。

局部阻力:是空气流动过程遭遇明显的阻碍(如流道直径的突变、流道分叉、支架等)而产生的。局部阻力形成机理是空气在遭遇阻碍时流速的方向、大小、分布等出现突变,空气分子之间随即出现剧烈的摩擦和动量交换,从而产生巨大的能量损失。

热阻力:主要是空气在受热时的热效应引起的,即空气分子在受热膨胀的同时其不规则运动也会加快,其运动速率增大而导致能量损失。

在实际工程中,尤其是在运营工况中,由于热阻力的占比极小,通常不予考虑,即在进行城市综合管廊通风摩阻计算时主要考虑沿程阻力和局部阻力的影响,不考虑温度对其造成的影响。

当前没有完全建立城市综合管廊通风设计的相关规范和理论,因此以隧道工程通风摩阻计算方法为依据推导适合城市综合管廊的通风摩阻计算公式。

城市综合管廊通风摩阻计算公式为

$$h_f = \frac{\lambda L}{D} \frac{\rho u^2}{2} \tag{2-1}$$

$$D = \frac{4A}{U} \tag{2-2}$$

式中，h_f 为管廊通风过程中产生的摩阻，Pa；λ 为管廊通风沿程阻力系数；L 为管廊通风区段长度，m；ρ 为管廊内空气密度，kg/m³；u 为管廊通风区段平均风速，m/s；D 为空气过流断面当量直径，m；A 为空气过流断面面积，即管廊结构断面面积减去管线面积，m²；U 为空气过流断面周长，即管廊结构断面周长加上管线周长，m。

城市综合管廊局部通风阻力计算公式为

$$h_x = \xi \frac{\rho u^2}{2} \tag{2-3}$$

式中，h_x 为管廊通风过程中产生的局部通风阻力，Pa；ξ 为管廊通风局部阻力系数。

城市综合管廊通风阻力计算公式为

$$h = h_f + h_x = \frac{\rho u^2}{2}\left(\frac{\lambda L}{D} + \xi\right) \tag{2-4}$$

式中，h 为管廊通风过程中产生的总通风阻力，Pa。

在实际试验过程中，h 可以根据式（2-5）进行计算：

$$h = P_1^s - P_2^s + \frac{1}{2}\rho_1 u_1^2 - \frac{1}{2}\rho_2 u_2^2 \tag{2-5}$$

式中，P_1^s 为监测断面 1 的静压，Pa；P_2^s 为监测断面 2 的静压，Pa；ρ_1 为监测断面 1 的空气密度，kg/m³；ρ_2 为监测断面 2 的空气密度，kg/m³；u_1 为监测断面 1 的风速，m/s；u_2 为监测断面 2 的风速，m/s。

在工程流体力学中，静压加动压等于总压，而采用总压差法测定通风阻力也被证明可以满足精度要求，因此式（2-5）可改写成

$$h = \left(P_1^s + \frac{1}{2}\rho_1 u_1^2\right) - \left(P_2^s + \frac{1}{2}\rho_2 u_2^2\right) = P_1^t - P_2^t \tag{2-6}$$

式中，P_1^t 为监测断面 1 的总压，Pa；P_2^t 为监测断面 2 的总压，Pa。

为了简化计算过程，在模型试验和数值模拟过程中一般设置空气密度为常量，并且整个模型不设置高度差。此外，鉴于局部阻力和摩擦阻力在本质上相同，可将其归为一种等效阻力，即等效摩阻。为方便描述等效摩阻的作用，引入等效摩阻系数 λ_{eq}，即

$$h = h_f + h_x = \frac{\rho u^2}{2}\left(\frac{\lambda L}{D} + \xi\right) = \frac{\rho u^2}{2}\frac{\lambda_{eq} L}{D} \tag{2-7}$$

2.2　城市综合管廊通风摩阻影响因素分析

2.2.1　工程概况

1. 依托工程

由于我国城市综合管廊研究起步较晚,当前缺乏管廊通风设计相关规范,特别是没有明确通风阻力系数的取值方法及取值范围。同时由于城市综合管廊通风属于低速气流且流动复杂,难以简单地通过建立流动的微分方程来描述及求解,故需要采用数值模拟、模型试验等方法来探究其影响因素。

采用数值模拟作为研究手段,以苏州城北路综合管廊项目作为工程依托,通过 ICEM CFD 软件建立 1∶1 的精细化数值模型,利用 FLUENT 软件来模拟综合管廊通风,通过该工程的研究得到一个适用于城市综合管廊的通风摩阻计算方法。

苏州城北路综合管廊工程包含城北路干线综合管廊和六条道路支线综合管廊的设计,其中城北路干线综合管廊 8.00km(含示范段 1.00km),支线综合管廊 3.22km,合计 11.22km。管廊干线包括电力电缆舱(敷设高、低压电缆)、水信舱(敷设给水管道、通信电缆,预留中水管道管位)、蒸汽管道舱、燃气管道舱。苏州城北路综合管廊如图 2-1 所示。

图 2-1　苏州城北路综合管廊

本章数值模型以该项目中江宇路支线综合管廊为原型,其断面尺寸如图 2-2 所示。

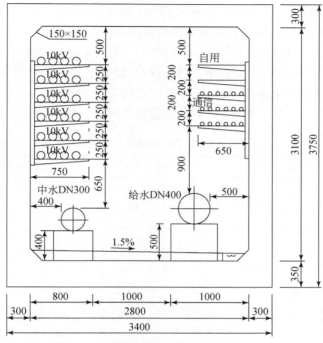

图 2-2　综合管廊原型断面尺寸(单位:mm)

2. 数值模型

本书依托的城市综合管廊断面为类矩形,其四角的局部有 45°倒角。由于倒角尺寸极小而对空气流动影响不大,为方便建模,忽略四个倒角。在建模过程中考虑到支架主要是对空气流动产生局部阻力作用,并且局部阻力的大小受支架迎风面积大小的影响,但支架尺寸对整个管廊尺寸而言小得多。为简化几何模型和方便网格划分,在数值模型中将支架简化成一个无厚度的小面,该面的几何尺寸与实际支架的迎风面大小一致。此外,为方便网格划分和数值计算,这里主要建立不同尺寸的线缆舱模型,暂不涉及供排水管道。数值模型的长度均为 100m。

城市综合管廊会根据需求设置不同种类和数量的管线,并且不同种类的管线对应不同的承载支架。由于管线的存在,综合管廊中空气流动的流体域并非整个混凝土结构所包含的空间,应该剔除管线所占的几何空间。此外,虽然承载支架对空气流动有一定的阻碍影响,但其在纵向上所占几何空间不大,因此可忽略支架对空气流体域形状的影响。为描述管线和支架对通风阻力的影响,本章提出通风障碍比这一概念,即管廊断面支架投影面积占空气过流断面面积的百分比,其定义为

$$\varphi = \frac{B}{A-C} \times 100\% \qquad (2\text{-}8)$$

式中,φ 为通风障碍比;A 为综合管廊混凝土结构断面面积,m^2;B 为承载支架纵向投影面积,m^2;C 为综合管廊管线端部圆形面积,m^2。

结合《电力工程电缆设计标准》(GB 50217—2018)和《城市综合管廊工程技术规范》(GB 50838—2015)中对管线敷设的规定,设置 7 组不同种类和数量的管线,相应会涉及不同的支架设置,其通风障碍比也有 7 组,即 5.42%、6.22%、7.14%、8.99%、12.09%、12.80% 和 11.70%。数值模型种类及特征如表 2-1 所示。

表 2-1 数值模型种类及特征

模型种类	管线配置	支架配置	通风障碍比/%	支架间距/m
M1	D200×3×(3+3)	750×100×(3+3)	5.42	
M2	D120×3×(4+3)	750×100×(4+3)	6.22	
M3	D120×3×(4+4)	750×100×(4+4)	7.14	1、1.25、1.5、1.75 和 2
M4	D120×3×(5+5)	750×100×(5+5)	8.99	
M5	D120×3×7+D200×2×6	750×100×7+750×100×6	12.09	
M6	D120×3×(7+7)	750×100×(7+7)	12.80	
M7	D120×2×7+D200×1×6	750×100×7+750×100×6	11.70	1、2

注:管线配置中 D120×3×(4+4)表示管线直径为 120mm,每排支架上敷设 3 条管线,且对称布置在管廊两侧,每侧 4 排,D120×3×7+D200×2×6 表示管廊两侧分别布置 D120×3×7 和 D200×2×6 的管线;支架配置中 750×100×(4+4)表示支架长度为 750mm,宽度为 100mm,且对称布置在管廊两侧,每侧 4 排;其余含义同理。

为了方便后文论述,此处对数值模型名称进行简单定义,如 M1_1.5 即是 M1 大类中承载支架间距为 1.5m 的小类,后面针对具体某个模型而建立的另类模型采用如 M1_1.5_A 形式的命名。部分城市综合管廊数值模型如图 2-3 所示。

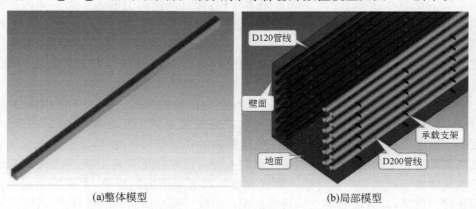

(a)整体模型 　　　　　(b)局部模型

图 2-3 部分城市综合管廊数值模型(M5_2)

当前相关规定要求综合管廊断面风速在满足正常运营和维护的前提下不宜大于 1.5m/s，但考虑到城市综合管廊为低速流动区域，同时为了丰富工况以便清晰认识规律，在本书中适当增大了风速范围，取值为 0.2～2.9m/s（间隔 0.3m/s）。通过模型计算，分析通风风速、支架间距和通风障碍比对城市综合管廊通风摩阻的影响。

2.2.2　通风风速对摩阻的影响

在本节中，控制通风障碍比为 7.14% 或支架间距为 1m，以研究不同风速对综合管廊摩阻的影响。图 2-4 为综合管廊通风风速对总通风阻力的影响。由图可知，控制通风障碍比或支架间距不变时，随着通风风速的增大，测试区段的总通风阻力逐渐增大，并且其增速越来越快。

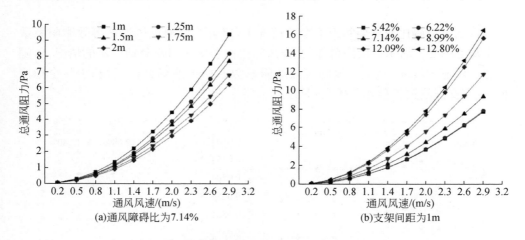

(a)通风障碍比为7.14%　　(b)支架间距为1m

图 2-4　综合管廊通风风速对总通风阻力的影响

不同综合管廊通风风速下的总通风阻力和局部通风阻力如表 2-2 所示。从表中可以看到，在通风障碍比和支架间距一定时，局部通风阻力占总通风阻力的一半以上，其变化趋势和总通风阻力一样，且随着通风风速的增加，其占总通风阻力的比例基本上也增大，但是逐渐趋于稳定。

表 2-2　不同综合管廊通风风速下的总通风阻力和局部通风阻力

通风风速 /(m/s)	支架间距2m，通风障碍比 7.14%			支架间距 1m，通风障碍比 7.14%		
	h/Pa	h_x/Pa	h_x/h/%	h/Pa	h_x/Pa	h_x/h/%
0.2	0.0343	0.0176	51.31	0.0494	0.0327	66.19
0.5	0.1958	0.1098	56.08	0.2882	0.2022	70.16

通风风速/(m/s)	支架间距 2m,通风障碍比 7.14%			支架间距 1m,通风障碍比 7.14%		
	h/Pa	h_x/Pa	h_x/h/%	h/Pa	h_x/Pa	h_x/h/%
0.8	0.4873	0.2840	58.28	0.7240	0.5208	71.93
1.1	0.9095	0.5416	59.55	1.3582	0.9903	72.91
1.4	1.4625	0.8827	60.36	2.1925	1.6128	73.56
1.7	2.1483	1.3066	60.82	3.2275	2.3859	73.92
2.0	2.9672	1.8203	61.35	4.4655	3.3186	74.32
2.3	3.9202	2.4178	61.68	5.9073	4.4049	74.57
2.6	5.0077	3.1027	61.96	7.5534	5.6484	74.78
2.9	6.2296	3.8722	62.16	9.4040	7.0466	74.93

　　在通风障碍比或支架间距不变的情况下,综合管廊通风风速对等效摩阻系数的影响如图 2-5 所示。由图可知,在通风障碍比和支架间距分别一定的情况下,随着通风风速的增大,测试区段的等效摩阻系数开始迅速降低,然后趋于一个稳定值,这与交通隧道工程相关研究相符。

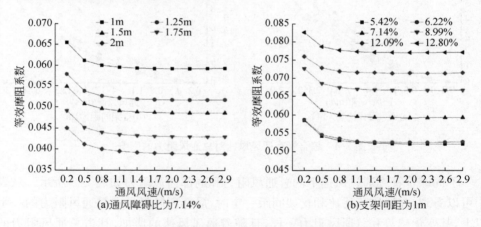

图 2-5　综合管廊通风风速对等效摩阻系数的影响

　　在通风障碍比或支架间距不变的情况下,综合管廊通风风速对局部阻力系数的影响如图 2-6 所示。由图可知,在通风障碍比和支架间距分别一定的情况下,随着通风风速的增大,测试区段的局部阻力系数略微增大,但基本不变。

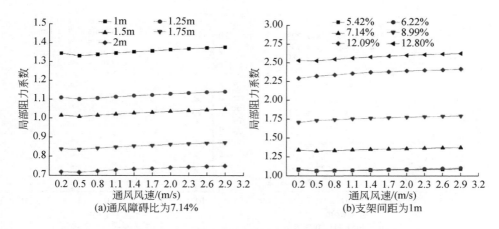

图 2-6 综合管廊通风风速对局部阻力系数的影响

2.2.3 支架间距对摩阻的影响

为探究支架间距对综合管廊通风阻力的影响,需要对不同支架间距下的工况进行试验。根据《电力工程电缆设计标准》(GB 50217—2018)和《综合管廊缆线敷设与安装》(17GL601),电缆支架间距设置如表 2-3 所示。本节根据管廊工程中主要包含 110kV 和 220kV 的电缆,在模型中分别对应这两种直径的管线,同时对应不同的支架间距。在每组通风障碍比下分别设置 5 种支架间距,即 1m、1.25m、1.5m、1.75m 和 2m。

表 2-3 电缆敷设于普通支架(臂式支架)的允许跨距 (单位:mm)

电缆特征	敷设方式	
	水平	垂直
未含金属套、铠装的全塑小截面电缆	400 *	1000
除上述情况外的中、低压电缆	800	1500
35kV 以上的电缆	1500	3000

* 在保证电缆平直的情况下,该值可以扩大一倍。

综合管廊支架间距对总通风阻力的影响如图 2-7 所示。从图中可以看出,控制通风风速或通风障碍比不变,随着管廊支架间距的增大,测试区段的总通风阻力逐渐降低,且降低呈现线性变化趋势。如图 2-7(a)所示,在通风风速不变时,总通风阻力减小的速度随通风障碍比的增加而急剧增大;如图 2-7(b)所示,在通风障碍比不变时,总通风阻力减小的速度随通风风速的增加而显著增大。

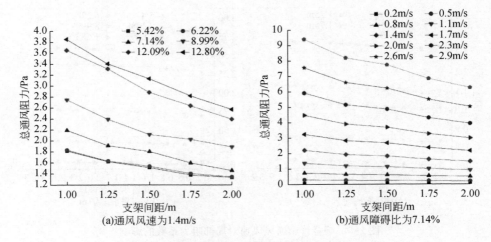

图 2-7 综合管廊支架间距对总通风阻力的影响

不同综合管廊支架间距下的总通风阻力和局部通风阻力如表 2-4 所示。从表中可以发现,通风风速和通风障碍比不变,局部通风阻力随着支架间距的增大而减小,同时其占总通风阻力的比例也减小。

表 2-4　不同综合管廊支架间距下的总通风阻力和局部通风阻力

支架间距 /m	通风风速 1.4m/s,通风障碍比 7.14%			通风风速 2.0m/s,通风障碍比 12.80%		
	h/Pa	h_x/Pa	h_x/h/%	h/Pa	h_x/Pa	h_x/h/%
1	2.1925	1.6128	73.56	7.8584	6.3200	80.42
1.25	1.9125	1.3328	69.69	6.9333	5.3949	77.81
1.50	1.8057	1.2260	67.90	6.3704	4.8319	75.85
1.75	1.5994	1.0197	63.76	5.7343	4.1959	73.17
2	1.4625	0.8827	60.36	5.2256	3.6872	70.56

在通风风速或通风障碍比不变时,综合管廊支架间距对等效摩阻系数的影响如图 2-8 所示。由图可知,通风风速或通风障碍比不变时,随着支架间距的增大,测试区段的等效摩阻系数逐渐减小,且大致呈线性变化趋势。如图 2-8(a)所示,通风风速不变时,等效摩阻系数减小的速度随通风障碍比的增加而显著增大;如图 2-8(b)所示,通风障碍比不变时,等效摩阻系数减小的速度基本不随通风风速的增加而变化。

在通风风速或通风障碍比不变时,综合管廊支架间距对局部阻力系数的影响如图 2-9 所示。由图可知,通风风速或通风障碍比不变时,随支架间距的增大,测

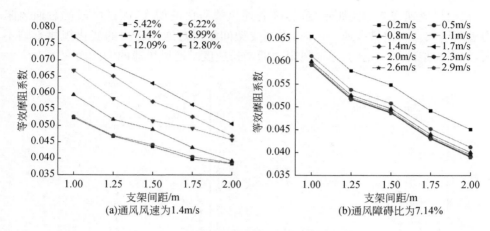

图 2-8　综合管廊支架间距对等效摩阻系数的影响

试区段的局部阻力系数逐渐减小,且几乎呈线性变化。这主要是因为支架间距增大的同时,测试区段支架数量减少,故局部阻力系数显著减小。如图 2-9(a)所示,通风风速不变时,局部阻力系数减小的速度随通风障碍比的增加而显著增大;如图 2-9(b)所示,通风障碍比不变时,局部阻力系数减小的速度随通风风速的增加变化不明显。

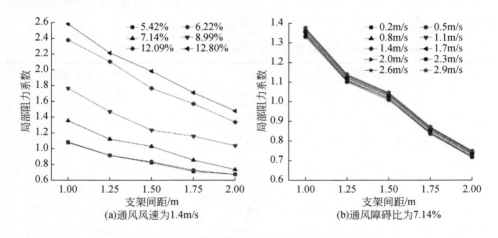

图 2-9　综合管廊支架间距对局部阻力系数的影响

2.2.4　通风障碍比对摩阻的影响

通风障碍比主要表征支架所占空间大小对通风阻力的影响。在通风风速或支架间距不变时,综合管廊通风障碍比对总通风阻力的影响如图 2-10 所示。由图可知,在通风风速或支架间距不变时,随着通风障碍比的增大,测试区段的总通风阻力逐渐增大。在通风风速一定时,不同支架间距对总通风阻力的变化规律影响不大,但在支架间距一定时,总通风阻力的增长速度随通风风速的增大而变大。

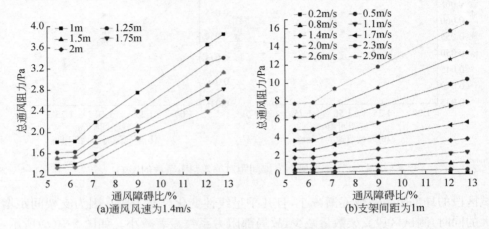

图 2-10　综合管廊通风障碍比对总通风阻力的影响

不同综合管廊通风障碍比下的总通风阻力和局部通风阻力如表 2-5 所示。从表中可以发现,通风风速或支架间距不变时,局部通风阻力随着通风障碍比的增大而逐渐增大,同时其占总通风阻力的比例也逐渐增大。

表 2-5　不同综合管廊通风障碍比下的总通风阻力和局部通风阻力

通风障碍比 /%	通风风速 1.4m/s,支架间距 1m			通风风速 2.0m/s,支架间距 2m		
	h/Pa	h_x/Pa	h_x/h/%	h/Pa	h_x/Pa	h_x/h/%
5.42	1.8167	1.2847	70.72	2.7107	1.6595	61.22
6.22	1.8332	1.2911	70.43	2.7382	1.6649	60.80
7.14	2.1925	1.6128	73.56	2.9672	1.8203	61.35
8.99	2.7494	2.1004	76.39	3.8359	2.5585	66.70
12.09	3.6543	2.8759	78.70	4.8774	3.3511	68.71
12.80	3.8550	3.0691	79.61	5.2256	3.6872	70.56

在通风风速或支架间距不变时,综合管廊通风障碍比对等效摩阻系数的影响如图 2-11 所示。由图可知,通风风速和支架间距不变时,随着通风障碍比的增大,测试区段的等效摩阻系数逐渐增大。

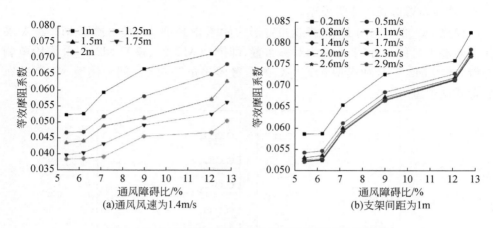

图 2-11　综合管廊通风障碍比对等效摩阻系数的影响

在通风风速或支架间距不变时,综合管廊通风障碍比对局部阻力系数的影响如图 2-12 所示。由图可知,通风风速和支架间距不变时,随着通风障碍比的增大,测试区段的局部阻力系数逐渐增大,且几乎呈线性变化,但通风风速对局部通风阻力系数的影响不明显。

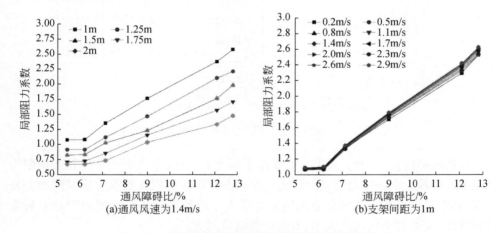

图 2-12　综合管廊通风障碍比对局部阻力系数的影响

2.2.5　支架、管线布置形式对摩阻的影响

一般情况下,根据空间实际使用情况,相同数量、相同种类的管线和支架也有不同的断面布置形式,如双侧布置和单侧布置。相同数量、相同种类的管线和支架对应着相同的通风障碍比。本节以 M1_2 和 M2_2 为基本模型分别建立具有不同

支架、管线布置形式的亚类模型。

模型 M2_2 不同的支架、管线布置形式如图 2-13 所示,其中模型 M2_2_A 采用双侧基本对称布置(下面称为对称布置,即模型 M2_2),模型 M2_2_D 采用单侧布置,模型 M2_2_B 和模型 M2_2_C 的布置形式介于二者之间。模型 M1_2 的布置形式同模型 M2_2。

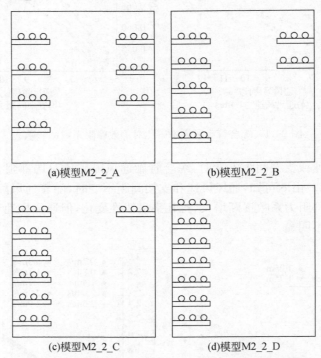

(a)模型M2_2_A　　　　　　　　(b)模型M2_2_B

(c)模型M2_2_C　　　　　　　　(d)模型M2_2_D

图 2-13　模型 M2_2 不同的支架、管线布置形式

在通风障碍比一定时,模型 M2_2 在不同支架、管线布置形式下的总通风阻力如表 2-6 所示。从表中可知,管线、支架空间布置形式不同导致其总通风阻力差异显著,其中双侧对称布置的总通风阻力显著大于单侧布置。其主要原因是对称布置的管线、支架对空气速度大小、方向的影响范围更广。

表 2-6　模型 M2_2 在不同支架、管线布置形式下的总通风阻力

通风风速/(m/s)	总通风阻力/Pa				最大差异/%
	M2_2_A	M2_2_B	M2_2_C	M2_2_D	
0.2	0.0319	0.0284	0.0252	0.0206	54.8544
0.5	0.1804	0.1612	0.1428	0.1146	57.4171

续表

通风风速/(m/s)	总通风阻力/Pa				最大差异/%
	M2_2_A	M2_2_B	M2_2_C	M2_2_D	
0.8	0.4484	0.4000	0.3552	0.2846	57.5545
1.1	0.8365	0.7468	0.6635	0.5326	57.0597
1.4	1.3471	1.2044	1.0689	0.8592	56.7854
1.7	1.9806	1.7697	1.5723	1.2650	56.5692
2.0	2.7382	2.4470	2.1747	1.7524	56.2543
2.3	3.6211	3.2321	2.8768	2.3241	55.8065
2.6	4.6297	4.1356	3.6792	2.9767	55.5313
2.9	5.7636	5.1514	4.5823	3.7129	55.2318
平均值	—	—	—	—	56.3064

注:最大差异表示模型 M2_2_A 与模型 M2_2_D 差值与 M2_2_D 的比值。

模型 M2_2 和 M1_2 在不同支架、管线布置形式下的等效摩阻系数如表 2-7 和表 2-8 所示。由表可知,支架、管线布置形式对等效摩阻系数有显著的影响,其中双侧对称布置的等效摩阻系数最大,单侧布置的等效摩阻系数约是双侧对称布置的 63%。

表 2-7　模型 M2_2 在不同支架、管线布置形式下的等效摩阻系数

通风风速/(m/s)	M2_2_A	M2_2_B	M2_2_B/M2_2_A	M2_2_C	M2_2_C/M2_2_A	M2_2_D	M2_2_D/M2_2_A
0.2	0.0447	0.0399	0.8926	0.0354	0.7919	0.0288	0.6443
0.5	0.0405	0.0362	0.8938	0.0321	0.7926	0.0256	0.6321
0.8	0.0393	0.0351	0.8931	0.0312	0.7939	0.0249	0.6336
1.1	0.0388	0.0347	0.8943	0.0308	0.7938	0.0246	0.6340
1.4	0.0386	0.0345	0.8938	0.0306	0.7927	0.0245	0.6347
1.7	0.0384	0.0344	0.8958	0.0305	0.7943	0.0245	0.6380
2.0	0.0384	0.0344	0.8958	0.0305	0.7943	0.0245	0.6380
2.3	0.0384	0.0343	0.8932	0.0305	0.7943	0.0246	0.6406
2.6	0.0384	0.0344	0.8958	0.0306	0.7969	0.0246	0.6406
2.9	0.0384	0.0344	0.8958	0.0306	0.7969	0.0247	0.6432
平均值	—	—	0.8944	—	0.7942	—	0.6379

表 2-8　模型 M1_2 在不同支架、管线布置形式下的等效摩阻系数

通风风速/(m/s)	M1_2_A	M1_2_B	M1_2_B/M1_2_A	M1_2_C	M1_2_C/M1_2_A	M1_2_D	M1_2_D/M1_2_A
0.2	0.0446	0.0405	0.9081	0.0348	0.7803	0.0282	0.6323
0.5	0.0404	0.0365	0.9035	0.0313	0.7748	0.0251	0.6213
0.8	0.0392	0.0354	0.9031	0.0304	0.7755	0.0243	0.6199
1.1	0.0387	0.0350	0.9044	0.0300	0.7752	0.0241	0.6227
1.4	0.0384	0.0347	0.9036	0.0298	0.7760	0.0240	0.6250
1.7	0.0382	0.0346	0.9058	0.0298	0.7801	0.0239	0.6257
2.0	0.0381	0.0346	0.9081	0.0297	0.7795	0.0240	0.6299
2.3	0.0381	0.0346	0.9081	0.0297	0.7795	0.0240	0.6299
2.6	0.0381	0.0346	0.9081	0.0298	0.7822	0.0241	0.6325
2.9	0.0381	0.0346	0.9081	0.0298	0.7822	0.0241	0.6325
平均值	—	—	0.9061	—	0.7785	—	0.6271

　　为表征支架、管线布置形式对通风摩阻的影响,本章定义不均匀系数 α,即非对称布置较少一侧支架、管线投影面积与另一侧的比值。此外,针对支架、管线布置形式对等效摩阻系数有显著影响,本章拟定义等效摩阻系数折减因子 η 来表征其具体作用,即非对称布置的等效摩阻系数与对称布置的等效摩阻系数的比值,如表 2-7 中的 M2_2_B/M2_2_A。不均匀系数和等效摩阻系数折减因子的关系如图 2-14 所示。

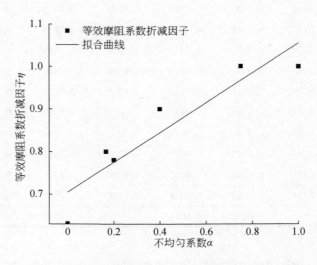

图 2-14　不均匀系数和等效摩阻系数折减因子的关系

由图 2-14 可得,不均匀系数与等效摩阻系数折减因子之间几乎呈线性关系,其拟合表达式如式(2-9)所示,其拟合优度 $R^2=0.82947$,拟合效果较好。已知管线、支架对称布置时的等效摩阻系数,即可获得不均匀布置情况的相应数值。

$$\eta=0.34847\alpha+0.70548 \tag{2-9}$$

2.3　城市综合管廊通风摩阻系数计算方法

前面分析得到了通风风速、支架间距、通风障碍比以及支架、管线布置形式四个因素对通风阻力及等效摩阻系数的影响。其中随着通风风速的增大,等效摩阻系数逐渐降低并趋于一个稳定值。研究发现,通风风速在 0.8m/s 之前对等效摩阻系数的影响最大,而在 0.8m/s 之后等效摩阻系数几乎不变。实际上,综合管廊通风风速一般不会太小,因此本节认为通风风速对等效摩阻系数的影响不大,可以忽略不计。

综上所述,在进行通风系统设计时应该重点考虑支架间距、通风障碍比以及支架、管线布置形式三个因素。本节在数值模拟结果的基础上通过统计归纳得到城市综合管廊的通风摩阻系数计算公式。鉴于支架、管线布置形式不能由具体的数值进行量化,在拟合公式时可将其视为一个系数来表征相关影响。本节将支架间距、通风障碍比两个影响因素作为自变量,等效摩阻系数作为因变量,采用多元线性回归分析方法拟合得到如下公式:

$$\lambda_{eq}=(0.064-0.02d+0.244\varphi)\times\eta \tag{2-10}$$

式中,λ_{eq} 为等效摩阻系数;d 为支架间距,m;φ 为通风障碍比,见式(2-8);η 为等效摩阻系数折减因子,管线、支架对称布置时 $\eta=1$。

在显著性水平为 0.05 的条件下,该拟合公式各项检验结果如表 2-9 所示。由表可知,该拟合公式拟合效果良好。

表 2-9　等效摩阻系数拟合公式各项检验结果

项目	调整 R^2	F 检验	t 检验	
			d	φ
拟合值	0.960	1724.067	-46.522	46.046
临界值	—	2.635	1.968	—
结果判定	拟合优良	显著	显著	显著

将三个自变量的所有取值代入拟合公式得到等效摩阻系数的拟合值(对称布置情况),其与理论值的相对误差如图 2-15 所示。从图中可以看到,大部分数据的相对误差在 10% 以内,只有大约 10 组数据的相对误差超过 10%,可以认为该拟合

公式符合工程流体力学要求,可用于城市综合管廊通风系统设计参考。

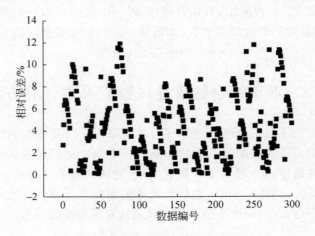

图 2-15　拟合值和理论值的相对误差

　　为验证拟合公式的普适性,这里用数值模型 M7 进行计算,将计算结果与拟合结果进行对比分析。该数值模型的基本参数如下:通风障碍比为 11.70%,支架间距分别为 1m 和 2m。等效摩阻系数拟合公式普适性验证结果如表 2-10 所示。

表 2-10　等效摩阻系数拟合公式普适性验证结果

通风风速 /(m/s)	支架间距 1m			支架间距 2m		
	理论值	拟合值	相对误差/%	理论值	拟合值	相对误差/%
0.2	0.0750	0.0725	3.33	0.0550	0.0525	4.55
0.5	0.0719	0.0725	0.83	0.0519	0.0525	1.16
0.8	0.0710	0.0725	2.11	0.0510	0.0525	2.94
1.1	0.0707	0.0725	2.55	0.0507	0.0525	3.55
1.4	0.0706	0.0725	2.69	0.0506	0.0525	3.75
1.7	0.0704	0.0725	2.98	0.0504	0.0525	4.17
2.0	0.0705	0.0725	2.84	0.0505	0.0525	3.96
2.3	0.0704	0.0725	2.98	0.0504	0.0525	4.17
2.6	0.0704	0.0725	2.98	0.0504	0.0525	4.17
2.9	0.0706	0.0725	2.69	0.0506	0.0525	3.75
平均值	—	—	2.60	—	—	3.62

　　从表 2-10 可以看到,拟合值与理论值存在一定的差异,但是仍然没有超过误

差限值(10%),同时也验证了通风风速对最终拟合结果影响不大,因此该等效摩阻系数拟合公式具有一定的普适性,可用于城市综合管廊通风摩阻系数计算。

2.4　城市综合管廊通风摩阻系数模型试验

虽然数值模拟具有试验效率高、操作方便和试验成本低等优点,但是实际的管廊通风过程中流动比较复杂,且与数值模拟的等截面等速流动有一定的区别,而且在数值模拟过程中简化了边界条件和添加了许多假定,把整个流动定义为理想化的流动。因此,需要设计模型试验来对数值模拟的结论进行验证,并提出相应的适用条件。本节将通过缩尺模型试验,对综合管廊等效通风摩阻计算方法进行验证和完善。

2.4.1　模型系统设计

1. 相似比选取

本模型试验的依托工程是苏州城北路综合管廊项目,以该项目中江宇路支线综合管廊为原型,原型断面形式见图 2-2。

《城市综合管廊工程技术规范》(GB 50838—2015)要求通风分区长度不大于200m,而实际工程中通风分区长度多为 80~150m,为模型设计方便起见,取原型长度为 100m。由于实验室场地限制,在方便仪器布置和数据测试的情况下,模型试验比例尺为 1:5,且对管廊长度、断面、支架、管线尺寸都进行了几何相似处理。综合管廊模型断面尺寸如图 2-16 所示,其中断面宽度为 560mm,断面高度为620mm,纵向长度为 20000mm。鉴于本节模型试验的相似准则是雷诺数相等,即模型和原型都进入自模区就可视为二者流动相似,因此除几何相似外,其余物理量不用采取相似措施。模型试验各物理量相似比如表 2-11 所示。

表 2-11　模型试验各物理量相似比

物理量	长度	面积	体积	风速	密度
相似比	1:5	1:25	1:125	1:1	1:1

2. 模型主体设计

从方便安装和易于观测的角度出发,比例模型采用全透明的有机玻璃制作,其厚度为 8mm。为方便建模,与数值模拟一样忽略管廊内部四个倒角。考虑风流在管廊内充分发展需要一段距离(20D~40D,D 为当量直径),模型试验系统纵向总

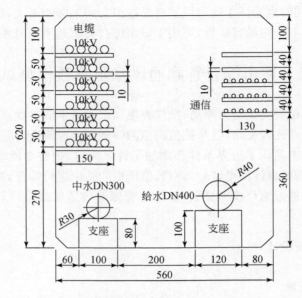

图 2-16　综合管廊模型断面尺寸(单位:mm)

长为 25m(含通风发展段 5m,管廊主体 20m)。为了便于运输,有机玻璃在工厂中被预制成长 1m 的标准段,其侧墙几何尺寸如图 2-17 所示。

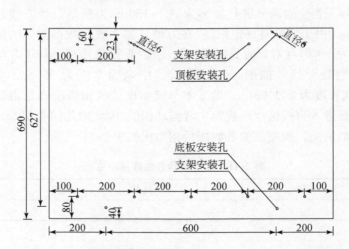

图 2-17　综合管廊模型标准段(侧墙)几何尺寸(单位:mm)

管廊模型每个标准段均由 4 块有机玻璃构成,并且在模型侧墙的有机玻璃上间隔 0.2m 预制支架安装孔,在侧墙的上下两端预制顶板和底板安装孔。为了保证试验过程中不漏风,管廊模型在纵向拼接过程中采用透明玻璃胶涂抹接缝,并用透明胶带封闭。综合管廊模型试验系统如图 2-18 所示。

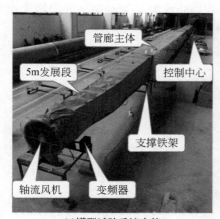

(a)模型试验系统全貌　　　　　　　(b)模型试验系统内景

图 2-18　综合管廊模型试验系统

3. 支架、管线设计

在实际工程中,管线外轮廓均为圆形,从方便、快捷的角度出发,本节拟采用不同直径 PVC 管道模拟不同种类的管线。鉴于 PVC 管道有很多种类,且标准直径并不能完全与所需要的模型管线相同,因此选择尺寸一致或相近(误差 1~2mm)的管道作为模型管线,其具体样式如图 2-19 所示。模型管道在安装过程中采用细钢丝与模型支架固定,纵向接头采用相应尺寸的直接接头。此外,为防止通风时空气通过管道流出而影响试验效果,在试验之前需要将管道迎风端密封。

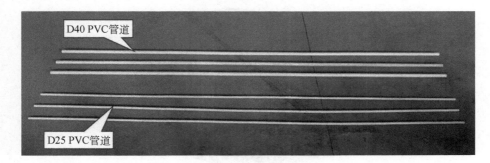

图 2-19　模型管线

对于管廊内支架的模拟,本节拟采用长 150mm、宽 20mm 的钢片作为模型支架,预制的模型支架如图 2-20 所示。为方便固定,支架采用焊接的形式预制,即将钢片按照既定的竖向间距焊接在另一块钢片上,并在该钢片的两端设置固定孔,使支架能稳定地固定在管廊模型的壁面上。为防止模型支架表面锈蚀而增大通风摩阻,使用前需要用砂纸将模型支架打磨光滑。

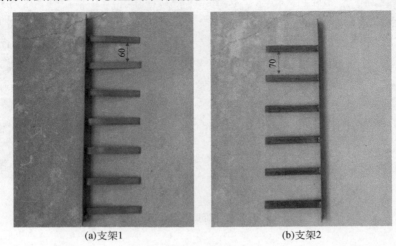

(a)支架1　　　　　　　　　　　(b)支架2

图 2-20　预制的模型支架(单位:mm)

4. 供风动力系统设计

鉴于风流在综合管廊内部趋于稳定之后,各个断面风速变化不大,模型试验选择轴流风机作为供风设备,并在隧道用风管布定制风流发展段,使风机流出的风流在进入管廊之前能充分发展。本节模型中的供风风机如图 2-21 所示,其转速为 2800r/min,额定功率为 1500W,最大风量为 11000m³/s。

图 2-21　模型供风风机

　　为调整风速的大小,在供风风机的接线端配置一台变频器,如图 2-22 所示。该变频器能够通过调整交流电频率的方式对风机的转速进行控制,从而调整出风风速,其调频范围为 0~50Hz。

图 2-22　供风风机变频器

2.4.2　数据采集系统设计

　　数据采集系统由微差压计、热敏式风速仪、数据采集器和数据采集软件组成。由于不同工况下风压的数值变化较大,为保证测试的精确度,采用不同量程的微差压计。数据采集系统传感器性能如表 2-12 所示。

表 2-12　数据采集系统传感器性能

传感器	量程	供电电压	输出信号	备注
热敏式风速仪	0~10m/s	24VDC	4~20mA	—
熙正微差压计	−100~100Pa	24VDC	4~20mA	用于风压较大情况
Model166 微差压计	0~10Pa	16~32VDC	0~5VDC	用于风压较小情况
Model166 微差压计	0~25Pa	16~32VDC	4~20mA	用于风压一般情况

　　数据采集器如图 2-23 所示,它的作用是将风速或者风压的电流(压)信号转换成通信信号,再传输到数据采集软件。每个数据采集器最多可以采集 6 个数据信号,一般包括 3 个风速信号和 3 个风压信号。数据采集系统总共包含 3 个采集器,最多可以采集 18 个数据信号。各个传感器和数据采集器均采用 220VAC 转 24VDC 的开关电源供电,共计 3 个开关电源,24VDC 开关电源如图 2-24 所示。

图 2-23　数据采集器

图 2-24　24VDC 开关电源

　　鉴于模型断面面积较小,而且断面内管线布置较多,剩余空间狭小,每个断面布置 3 组风速传感器和 3 组风压传感器。其中 Model166 微差压计和热敏式风速仪分别如图 2-25 和图 2-26 所示。

图 2-25　Model166 微差压计

图 2-26　热敏式风速仪

综上所述,模型试验材料设备清单及注意事项如表 2-13 所示。

表 2-13　模型试验材料设备清单及注意事项

材料设备	用途	规格	数量	注意事项
有机玻璃	制作管廊主体	1m×1m/1m×0.8m	80 块	可定制,需要在两侧壁打孔安装支架
风速仪	测量断面风速	热敏式	10 台	布置于测试断面
变频风机	提供断面风速	1.5kW	1 台	需要外置变频器
皮托管	测量断面风压	ϕ8mm	15 只	—
橡胶管	导流空气	—	50m	与皮托管连接,不宜超过 1m
微差压计	测量断面风压	−100~100Pa	10 台	用于风压较大的工况,输出电流
微差压计	测量断面风压	0~25Pa	10 台	用于风压一般的工况,输出电流
微差压计	测量断面风压	0~10Pa	10 台	用于风压较小的工况,输出电压
数据采集器	采集、处理数据	—	3 套	默认电流信号,若需传输电压,需要重置参数
开关电源	为风速、风压采样设备供电	24VDC	3 组	一组电源为一组数据采集器和一个断面的采样设备供电
PVC 管	模拟管线	D24mm	若干	管线接头采用直接头
钢片	支撑管线	15cm×2cm	若干	注意除锈和去除毛刺
信号线	传输数据	—	若干	—
电源线	为试验设备供电	—	若干	—
温湿度计	测定空气温湿度	—	1 个	—

2.4.3　模型试验的系统性能试验

1. 供风动力系统试验

模型试验的动力系统由供风风机和变频器组成,为测试动力系统的稳定性,本节对无支架、管线的管廊在通风情况下的风速、风量进行测试。测试方法采用面积加权法，即将整个断面均匀划分成 9 个小矩形，并测定其中心点的风速，其断面风速测点布置如图 2-27 所示。风机电动机存在阻力，在较低频率下不能转动，因此在试验过程中变频器起始频率为 5Hz，终止频率为 50Hz。

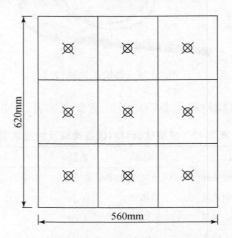

图 2-27　无支架、管线的管廊断面风速测点布置

通过调整风机变频器的频率，得到综合管廊断面风速、风量，如图 2-28 所示。从图中可以看出，断面风速随着风机频率的增加而增大，几乎呈线性增大。在模型试验中，供风动力系统最大能提供 5.2m/s 左右的断面风速和 1.8m³/s 左右的断

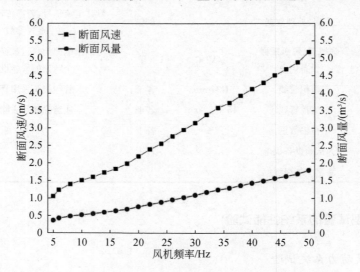

图 2-28　不同风机频率下综合管廊断面风速、风量的变化

面风量,说明本试验的供风动力系统运行稳定,且能为试验系统提供需要的风速和风量。

2. 数据采集系统试验

数据采集系统试验主要是检测电流(压)信号传输、转换的准确性。试验中采用万用表对传感器的电流(压)进行测试,将测试值通过换算之后与数据采集软件显示数值进行对比分析。现场对热敏式风速仪进行数据传输、转换,如图 2-29 所示。

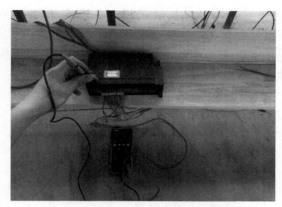

图 2-29　热敏式风速仪信号传输试验

试验过程中电流(压)值经过线性变换可在数据采集软件直接显示,试验结果如表 2-14 所示。从表中可以看出,根据传感器的电流(压)值换算的理论值与数据采集软件显示值非常接近,误差不超过 5%,符合精度要求。

表 2-14　数据采集系统测试精度分析

传感器	量程	电流(压)值	理论计算值	软件显示值	相对误差/%
热敏式风速仪	0~10m/s	11.781mA	4.863m/s	4.898m/s	0.72
熙正微差压计	−100~100Pa	13.169mA	14.613Pa	14.806Pa	1.32
Model166 微差压计	0~10Pa	3.231V	6.462Pa	6.487Pa	0.39
Model166 微差压计	0~25Pa	13.001mA	14.064Pa	13.987Pa	0.55

3. 模型断面风速、风压试验

鉴于城市综合管廊断面形式复杂,其风速、风压分布并不像交通隧道工程那样均匀,因此有必要对断面风速、风压进行测试,分析其变化规律,以期用有限个测点的数值表征整个断面的值。在交通隧道工程中,断面风速、风压的测定多采用面积加权法,虽然在综合管廊中亦有学者采用此方法,但是由于支架、管线过多,采用此方法不易测定各中心点的代表值。本节首先根据拟测试的比例模型建立数值模型并测试相应工况下的断面风速、风压(一般情况下,数值模拟结果是整个断面的面积加权均值),然后得到有限个测试值与整个断面数值的关系,最后测试比例模型相应测点的数值即可推算出相应断面的数值。

　　由于断面空间限制,每个断面布置 6 组传感器(3 组风速传感器、3 组风压传感器)。模型试验测点布置如图 2-30 所示,其中 P1、P3 和 P5 为风压测点,P2、P4、P6 为风速测点。本节以模型 M5_2 为例,监测断面位于距管廊通风入口 25m 的位置,探究其测点数值与断面数值之间的关系。数值模拟得到的风压和风速测点数值与断面数值的关系分别如表 2-15 和表 2-16 所示。

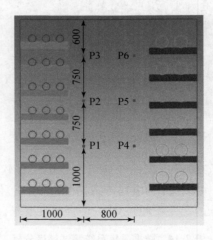

图 2-30　模型试验测点布置(单位:mm)

表 2-15　风压测点数值与断面数值的关系　　　　　　　　(单位:Pa)

断面	通风风速	测点 P1	测点 P3	测点 P5	测点均值	断面数值	点-面关系
	0.5m/s	0.4465	0.4429	0.4419	0.4438	0.3328	1.3335
	1.1m/s	2.1221	2.1186	2.0899	2.1102	1.5902	1.3270
$Z=23.5\text{m}$	1.7m/s	4.9612	5.1137	5.1436	5.0728	3.7925	1.3376
	2.3m/s	9.2311	9.1894	9.0212	9.1472	6.9160	1.3226
	平均值						1.3302

续表

断面	通风风速	测点 P1	测点 P3	测点 P5	测点均值	断面数值	点-面关系
	0.5m/s	0.6327	0.6414	0.6360	0.6367	0.5209	1.2223
	1.1m/s	3.0007	3.0556	3.0171	3.0245	2.4766	1.2212
Z=53.5m	1.7m/s	7.0951	7.2630	7.3710	7.2430	5.8985	1.2279
	2.3m/s	13.0390	13.2794	13.1286	13.1490	10.7665	1.2213
	平均值						1.2232
	0.5m/s	0.7392	0.7721	0.7497	0.7537	0.6486	1.1620
	1.1m/s	3.4953	3.6617	3.5503	3.5691	3.0773	1.1598
Z=73.5m	1.7m/s	8.2761	8.5279	8.9015	8.5685	7.3220	1.1702
	2.3m/s	15.1662	15.8986	15.4202	15.4950	13.3642	1.1594
	平均值						1.1629

注:点-面关系表示测点均值与断面数值的比值。

表 2-16　风速测点数值与断面数值的关系　　（单位:m/s）

断面	通风风速	测点 P2	测点 P4	测点 P6	测点均值	断面数值	点-面关系
	0.5m/s	0.6924	0.7020	0.7039	0.6994	0.4970	1.4072
	1.1m/s	1.5071	1.5319	1.5440	1.5277	1.0935	1.3971
Z=23.5m	1.7m/s	2.3125	2.3692	2.3799	2.3539	1.6900	1.3928
	2.3m/s	3.1207	3.2056	3.2192	3.1818	2.2866	1.3915
	平均值						1.3972
	0.5m/s	0.6907	0.7077	0.7147	0.7044	0.4969	1.4176
	1.1m/s	1.5084	1.5457	1.5683	1.5408	1.0933	1.4093
Z=53.5m	1.7m/s	2.3238	2.3862	2.4222	2.3774	1.6898	1.4069
	2.3m/s	3.1416	3.2278	3.2759	3.2151	2.2862	1.4063
	平均值						1.4100
	0.5m/s	0.6639	0.6901	0.7241	0.6927	0.4976	1.3921
	1.1m/s	1.4462	1.5065	1.5876	1.5134	1.0950	1.3821
Z=73.5m	1.7m/s	2.2289	2.3243	2.4514	2.3349	1.6924	1.3796
	2.3m/s	3.0127	3.1437	3.3157	3.1574	2.2898	1.3789
	平均值						1.3832

注:点-面关系表示测点均值与断面数值的比值。

从表 2-15 和表 2-16 可以发现,综合管廊同一断面上的风速、风压测点数值与断面数值相差很大,不能简单地取几何平均值来代替,亦不宜采用面积加权法表征。通过分析得到,同一断面上测点的几何平均值与该断面的数值呈稳定的点-面关系,如表 2-15 中断面 $Z=73.5$m 上不同风速时的风压测点均值约为断面数值的 1.16 倍。因此,本节拟采用测点均值与断面数值之间简单的点-面关系来预测断面数值,即某一断面上用风速、风压各自测点的均值除以点-面关系。其他比例模型可参照这种方式进行分析,最终得到相应断面的点-面关系来表征该断面的实际数值。

4. 密闭性能试验

安装过程中由于部件尺寸误差、安装精度等,模型表面存在一些缝隙,尤其是有机玻璃纵向接合部位。为保证和原型一样不漏风,本节采用高性能透明玻璃胶将可能存在缝隙的部位封堵,然后采用透明胶带进行密封。虽然已经采取严格的密封措施,但是仍需要对比例模型的密封性进行试验。

在严格密封的综合管廊内部通风时,根据质量守恒定律,其前后流过的风量应该是一致的,或者在允许的误差范围内。本节采用测试两个断面之间的风速来计算通风量,并据此分析其密闭性。在无支架、无管线的比例模型内不同风机频率下的断面风量如表 2-17 所示。从表中可以看到,随着风机频率的增大,断面风量之间的相对误差基本逐渐降低,总体上相对误差较小,满足试验要求(10%)。

表 2-17　不同风机频率下的断面风量

风机频率/Hz	断面 1 风量/(m³/s)	断面 2 风量/(m³/s)	相对误差/%
5	0.3519	0.3646	3.61
11	0.5516	0.5657	2.56
17	0.6764	0.6938	2.57
23	0.9379	0.9424	0.48
29	1.1568	1.1708	1.21
35	1.3392	1.3549	1.17
41	1.5512	1.5467	0.29
47	1.7446	1.7308	0.79
平均值	—	—	1.59

注:断面 1 和断面 2 相距 16m。

5. 模型壁面加糙试验

管廊模型主体采用透明的有机玻璃制作而成,其表面摩阻系数约为 0.01,相对混凝土壁面的 0.02~0.025 而言较小。为了保证模型表面与实际混凝土表面粗糙程度一致,提高测试精度,需要对壁面加糙。管廊模型所关注的是廊内空气流动的摩阻效应,是一种宏观的作用效果,无须关注壁面粗糙程度对流体产生阻碍的作用机理,因此可以采用等效摩阻加糙的方式对有机玻璃内壁面进行加糙,即在比例模型内壁面粘贴自粘片,使其等效摩阻系数等于 0.025。鉴于比例模型尺寸较大,试验人员粘贴底板不易操作,仅对管廊模型的两个侧壁进行粘贴。选取 4m 的试验段进行加糙试验,对不同粘贴间距进行测试,然后分析计算等效摩阻系数。通过多次摩阻测试得到自粘片的布置参数,该自粘片的尺寸为 2cm×1cm。自粘片布置示意如图 2-31 所示。

图 2-31　管廊模型一侧加糙自粘片布置示意图

　　管廊模型加糙试验结果如图 2-32 所示。从图中可以看出,管廊模型加糙之后的等效摩阻系数逐渐减小,并趋于稳定值 0.023 左右,基本达到预期加糙效果。此外,在 4m 加糙段中,其总通风阻力随着通风风速的增大而逐渐增大,最大约为 2.5Pa。

2.4.4　模型概况及测试结果分析

1. 模型概况及测试

　　结合模型试验设备,本节拟设计 6 组不同的比例模型,其中,支架间距种类有 0.2m 和 0.4m,分别对应原型的 1m 和 2m;管廊布置形式有 D24×3×(7+7)、

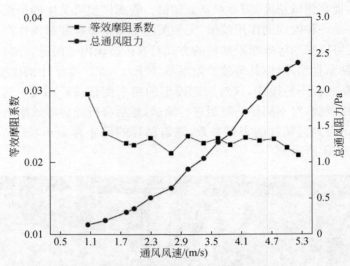

图 2-32　管廊模型加糙试验结果（测试长度为 4m）

D24×2×7＋D40×1×6、D24×3×7＋D40×2×6，分别对应原型的 D120×3×(7＋7)、D120×2×7＋D200×1×6、D120×3×7＋D200×2×6，相应的通风障碍比分别为 12.80%、11.70%、12.09%。为了与数值模型相对应，比例模型的编号仍以数值模型为准，其详细参数如表 2-18 所示。

表 2-18　比例模型种类及特征

模型	管线配置	支架配置	通风障碍比/%	支架间距/m
M5	D24×3×7＋D40×2×6	150×20×7＋150×20×6	12.09	
M6	D24×3×(7＋7)	150×20×(7＋7)	12.80	0.2、0.4
M7	D24×2×7＋D40×1×6	150×20×7＋150×20×6	11.70	

注：表中相关定义与表 2-1 中一致。

　　管廊模型 M6 如图 2-33 所示。由于不能像数值模拟那样定义需要的通风风速，在试验过程中以通过调节风机频率产生的风速值为准。

　　此外，模型试验在试验过程中首先测试某通风障碍比下支架间距为 0.4m 的模型，然后拆卸顶板再安装 1 倍数量的支架来测试支架间距为 0.2m 的模型，具体试验流程如图 2-34 所示。

　　鉴于供风风机在低频（5Hz）时不转动，模型试验过程中以 5Hz 对应的风速为起始风速。为增加试验工况而提高准确性，在模型试验过程中以 50Hz 对应的风速为终止风速，中间间隔频率为 3Hz（或调整频率使风速与数值模拟风速相近，若

图 2-33　管廊模型 M6

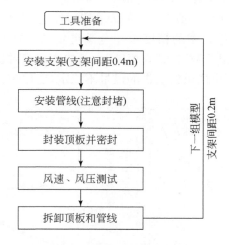

图 2-34　模型试验流程

超过数值模拟范围,则以 3Hz 为增长幅度)。模型试验现场如图 2-35 所示。

2. 测试结果分析

对 6 组管廊模型在不同通风风速下进行试验,得到其总通风阻力和等效摩阻系数的变化情况,如图 2-36～图 2-38 所示。从图中可以看出,在通风风速重合段,模型试验的总通风阻力与数值模拟的变化趋势一致,虽然在数值上比数值模拟值大 0～5Pa,但是整体满足试验要求。

(a)测试仪器连接   (b)承载支架安装

图 2-35 模型试验现场

从图 2-36～图 2-38 还可以看出,除模型 M7 外,其余管廊模型与相应的数值模型在相同通风风速附近进入"自模区"。在进入"自模区"之后,二者描述的流动是相似的,其等效摩阻系数在理论上也应该一致,但是各个比例模型的等效摩阻系数明显比数值模型大,并且差值在 0～0.03 范围内。造成上述现象的主要原因是比例模型在制作、安装过程中的精度未完全满足要求,易产生多处局部阻力。此外,模型试验的等效摩阻系数进入"自模区"之前的变化相对数值模拟普遍较陡,这主要是由于在低频率下供风风机提供的风量不稳定,变化较大。

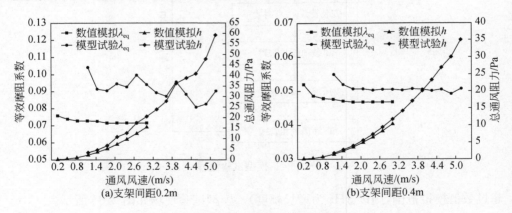

(a)支架间距0.2m   (b)支架间距0.4m

图 2-36 模型 M5 数值模拟和模型试验结果对比

2.4.5 拟合公式适用性分析

将模型试验的相关参数代入式(2-10),得到比例模型的等效摩阻系数,并与试验值进行对比,结果如表 2-19 所示。从表中可以看到,该拟合公式的拟合值与试

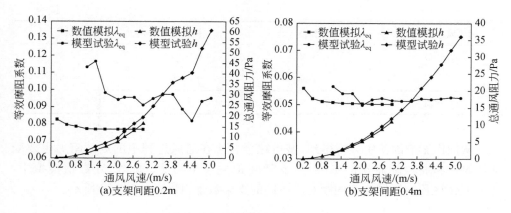

图 2-37　模型 M6 数值模拟和模型试验结果对比

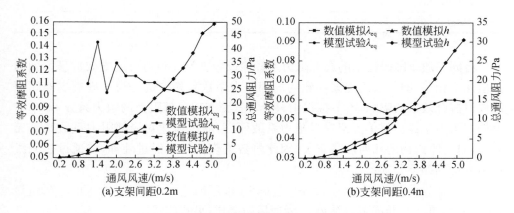

图 2-38　模型 M7 数值模拟和模型试验结果对比

验值相差太大，其主要原因是综合管廊在缩小 5 倍之后，支架间距相应缩小，而其他自变量几乎没变，从而导致拟合结果不符合试验要求。

表 2-19　比例模型 M5_0.4 的等效摩阻系数与拟合值对比

通风风速/(m/s)	试验值	拟合值	相对误差/%
1.1577	0.0549	0.0855	55.74
1.4485	0.0520	0.0855	64.42
1.7592	0.0505	0.0855	69.31
2.0698	0.0506	0.0855	68.97
2.3805	0.0503	0.0855	69.98

续表

通风风速/(m/s)	试验值	拟合值	相对误差/%
2.6912	0.0505	0.0855	69.31
3.0019	0.0504	0.0855	69.64
平均值	—	—	66.77

从前面影响因素中分析得到,城市综合管廊在通风过程中的局部阻力主要受通风风速和通风障碍比的影响,与支架间距关系不明显。此外,在数值模拟中,50m 测试区段内不同支架间距对应不同的支架数量,具体如表 2-20 所示。

表 2-20　50m 测试区段支架数量

支架间距/m	1	1.25	1.5	1.75	2
支架数量/组	50	40	33	29	25

将同一通风障碍比下的局部阻力系数除以各支架间距对应的支架数量得到的数值几乎相等,即每一组支架导致的局部阻力系数是相同的。为了规避支架间距缩放对拟合效果的影响,本节拟提出只针对管廊支架局部阻力的阻力系数,即单支架局部阻力系数。就单支架局部阻力系数而言,通风风速对局部阻力系数几乎无影响,只与障碍物的几何形状有关,因此将数值模拟结果经过处理,并通过多元线性拟合得到如下公式:

$$\xi_{sg} = -0.003 + 0.556\varphi \tag{2-11}$$

式中,ξ_{sg} 为单支架局部阻力系数;φ 为通风障碍比,见式(2-8)。

在显著性水平为 0.05 的条件下,该拟合公式的各项检验结果如表 2-21 所示。从表中可以看出,该拟合公式拟合效果良好。

表 2-21　单支架局部阻力系数拟合公式各项检验结果

项目	调整 R^2	F 检验	t 检验
拟合值	0.964	2660.392	86.455
临界值	0.500	2.6353	1.968
结果判定	拟合优良	显著	显著

由式(2-11)求得单支架的局部阻力系数,再乘以支架数量即可得到综合管廊的局部阻力系数,最后再与摩阻系数组合即可求得在通风时要克服的总通风阻力,具体公式为

$$h=h_{\mathrm{f}}+h_{\mathrm{x}}=\frac{\rho u^2}{2}\times\left[\frac{\lambda_{\mathrm{c}}L}{D}+(-0.003+0.556\varphi)\times n\right] \quad\quad (2\text{-}12)$$

式中，λ_{c} 为混凝土壁面摩阻系数，取 $0.02\sim0.025$；n 为综合管廊通风区段支架数量；其余符号同前。

　　将模型试验相关参数代入式（2-11），得到比例模型的单支架局部阻力系数拟合值，并与试验值进行对比，结果如图 2-39~图 2-41 所示。值得注意的是，前面已经证明，综合管廊不含支架、管线的通风阻力和摩阻系数与只含管线的比较接近，因此模型试验的局部阻力可由总通风阻力减去不含支架、管线模型的等效摩擦阻力，然后除以支架数量即可求得单支架局部阻力系数。

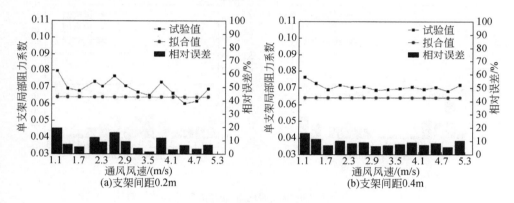

图 2-39　模型 M5 的单支架局部阻力系数拟合效果对比

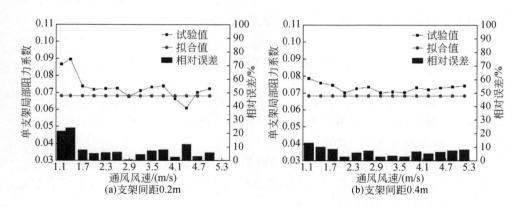

图 2-40　模型 M6 的单支架局部阻力系数拟合效果对比

　　从图 2-39~图 2-41 可以看出，单支架局部阻力系数拟合值与试验值的相对误差大部分控制在 10% 以内，整体满足试验精度要求，但还是有大约 20% 的相对误差超过限值(10%),最大达 25%。造成相对误差较大的原因主要包括两类:一是模型制作偏差,比例模型在制作、安装过程中局部凹凸不平产生额外的局部阻力,尤其是制作支架的钢材在切割和焊接过程中存在部分尖锐的毛刺和粗糙的焊疤,也会产生较大的阻力。二是测量系统误差,空气在流动过程中,其质点在流场中的速度是一个矢量,沿管廊纵向是它的主要分量,在其他方向(非管廊纵向)还有部分分量。在能量守恒中应考虑质点的动能,因此应该取该质点的合速度大小作为研究对象,在数值模拟结果中即提取断面速度大小的绝对值。然而,在模型试验中一般只能测得风流方向的风速大小,因此测试结果与拟合值误差较大。

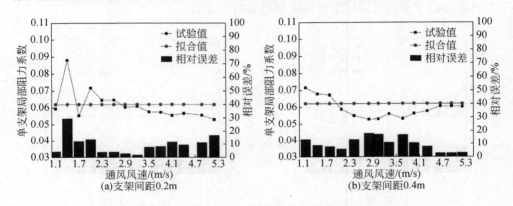

图 2-41　模型 M7 的单支架局部阻力系数拟合效果对比

虽然式(2-11)的拟合结果存在一定的相对误差,但是总体超限不大,除去客观影响因素后,该公式仍然具有一定的工程实用价值。

2.5　本章小结

本章介绍了城市综合管廊通风摩阻系数的特性及计算理论,同时依托苏州城北路综合管廊工程,建立了数值模型,进行不同工况的数值模拟,并通过模型试验进行了验证,主要得到以下结论:

(1)支架、管线对综合管廊通风阻力有显著影响,尤其是支架引起的局部阻力占通风阻力的主要部分。其中含支架、管线的管廊通风阻力最大,只含支架的管廊通风阻力与含支架、管线的相差不大。

(2)由于含支架、管线的管廊当量直径减小,只含支架的管廊等效摩阻系数最大。

(3)通过控制变量法得到影响管廊通风摩阻的是通风风速、支架间距、通风障碍比以及支架、管线布置形式四个因素,其中通风风速的影响很小,可以忽略。支架、管线采用双侧对称布置时的等效摩阻系数是单侧布置的 1.6 倍左右。

（4）通过统计分析得到等效摩阻系数的拟合公式，经检验，该拟合公式拟合效果良好。

（5）通过缩尺模型试验对拟合公式进行了验证，然后引入单支架局部阻力系数并分析得到相应的拟合公式，拟合结果存在一定的相对误差，但是总体超限不大，仍然具有一定的工程实用价值。

第 3 章　城市综合管廊温度场研究

随着新型城市的快速发展,城市综合管廊在城市基础设施建设中发挥着关键性作用,支持配电物联网的建设,并提高了管线运营维护效率。为了适应城市的快速发展,管廊内的管线越来越密集,供热管道和电力电缆等会持续释放热量,导致廊内温度上升,长期高温环境不利于管廊内的传感器、电缆等设备正常工作,同时增加了管廊内发生火灾的概率。此外,恶劣的内部环境也会使巡检人员难以正常工作,易发生安全事故。因此,有必要研究管廊温度场的分布特性,分析通风和土壤传热对管廊温度场的影响规律。

3.1　城市综合管廊温度场分布特征

为了分析不同条件下的管廊温度场分布特征,以一管廊电力舱为例。该管廊采用明挖法修建,埋深为 3m,电力舱内设置有 110kV、220kV 高压电缆,其断面如图 3-1 所示。

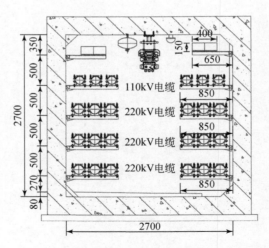

图 3-1　管廊断面图(单位:mm)

模拟通风区间模型长度为 500m,防火区间长度为 200m,在防火区间中设置有防火门,如图 3-2 所示。

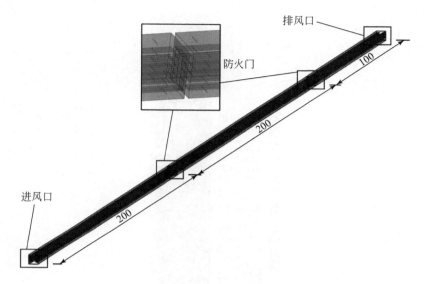

图 3-2　500m 通风区间模型（单位：m）

3.1.1　有无通风条件下管廊温度场分布特征

通风通过对流传热影响管廊温度场，使其温度降低，空气在管廊中呈现出湍流的状态，流场的形状混乱，所以通风对温度场的作用会随着流场的变化而变化，同时通风新风温度沿程变化，导致管廊温度也沿程变化。因此，管廊内的温度场在有无通风的情况下有着不同的分布特征。在无通风的情况下，管廊内的管线会持续发热，且仅有热传导方式传出余热，廊内热量累积，所以无通风时廊内温度高，温度分布形态固定。

1. 无通风条件下管廊温度场分布特征

1）纵向空气温度分布

图 3-3 为无通风条件下管廊纵向断面空气温度分布云图。从图中可以看出，无通风条件下管廊纵向温度分布特征较为固定，两侧有发热管线处温度最高，靠近壁面温度逐渐降低，在纵向中间区域温度相对较低。当无通风时，管廊内的温度场分布主要受管线发热影响，高温区域集中在两侧有发热管线处，因受外部传热影响，温度逐渐向外降低，纵向中间区域空间开阔，两侧发热管线向中间传热，中间区域温度相对较低。

2）横向空气温度分布

图 3-4 为无通风条件下管廊横向断面空气温度分布云图。从图中可以看出，

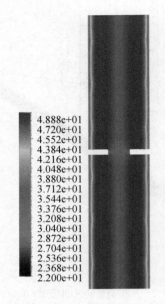

图 3-3　无通风条件下管廊纵向断面空气温度分布云图(单位:℃)

管廊高温区域集中在两侧有发热管线处,发热管线向中部传热,中部区域温度较高,同样靠近管壁因外部土壤传热而温度降低,管廊上部和下部区域开阔,温度较低,由于热空气的上升,上部温度略高于下部。

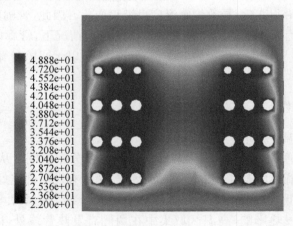

图 3-4　无通风条件下管廊横向断面空气温度分布云图(单位:℃)

2. 通风条件下管廊温度场分布特征

1) 纵向空气温度分布

图 3-5 为通风条件下管廊纵向断面空气温度分布云图。从图中可以看出，沿管廊进口方向，廊内空气温度逐渐升高，这是因为外界低温新风进入管廊后与各表面发生对流换热，同时在排风机的作用下沿出口方向迁移，由于发热管线不断散热，低温空气在行进过程中温度逐渐升高，所以呈现出温度逐步升高的分布特征。

可以看到，管廊内低温流体呈凸起圆弧形向前，这是由于流体边界层的原因，紧贴管廊两边壁面的一层流体将黏附在壁面上而停滞不动，即流速为零，致使此静止的流体层与其相邻的流体层间产生摩擦力，并使相邻的流体层的流速减慢，这种减速作用所引起的曳力将依次传递到整个流体，从而形成了凸起的圆弧形。

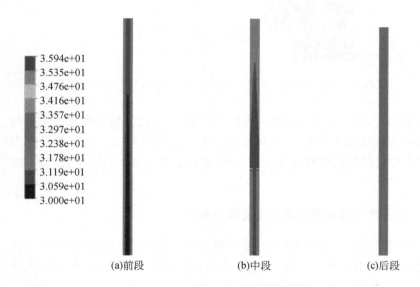

(a)前段　　　　　　(b)中段　　　　　　(c)后段

图 3-5　通风条件下管廊纵向断面空气温度分布云图(单位：℃)

2) 横向空气温度分布

图 3-6 为通风条件下管廊横向断面空气温度分布云图，截面依次选取前段、中段、后段间隔 50m 的断面。从图中可以看出，外界空气进入管廊后，与廊内高温空气进行热交换，两侧发热管线区域仍为高温区域，除两侧发热管线不断发热外，管线支架等结构阻碍了流场，使此处热量难以排出，导致该区域温度较高。

与无通风条件下横向温度分布特性相比，最大的差别在两侧管线区域之间。

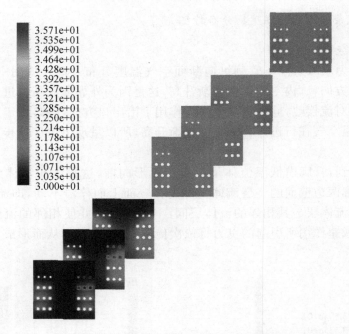

图 3-6　通风条件下管廊横向断面空气温度分布云图(单位:℃)

在通风条件下,两侧管线区域之间温度明显降低,接近其他管线外区域温度。这是因为两侧管线区域摩阻更大,使风量更加集中在管廊中部。空气在管廊内纵向迁移的过程中持续与发热管线进行热交换,整体温度升高,发热管线区域温度升高幅度更大。

3.1.2　有无防火门条件下管廊温度场分布特征

防火门是管廊内的重要结构,它主要用于火灾时隔绝烟气和火焰,防止火灾进一步发展,平时需要供人通过,其面积大小通常也仅供人通过,在多防火区间通风的情况下,流场也需要从防火门中通过。

图 3-7 为无防火门管廊横向断面空气温度分布云图,图 3-8 为无防火门管廊纵向断面空气温度分布云图,图 3-9 为防火门前横向断面空气温度分布对比,图 3-10为防火门前局部纵向断面空气温度分布对比。

与通风条件下的温度场云图进行对比,可以看出,有无防火门条件下管廊温度场的最大差别在于纵向温度分布和防火门前局部温度分布。防火门结构带来了局部阻力,对流场及温度场造成影响,无防火门管廊因为无防火门影响,其流场形态在管廊全程保持稳定,横向温度稳定并沿程逐渐升高,管廊风速没有较大的增长,无防火门管廊纵向温度分布仍然受到壁面边界层影响,低温流体呈凸起圆弧形向前,因防火门处断面面积变化,断面风速在防火门后变大,防火门后一段距离温度比无防火门管廊低。

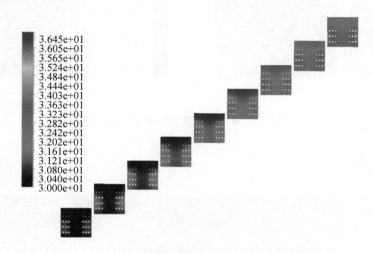

图 3-7　无防火门管廊横向断面空气温度分布云图(单位:℃)

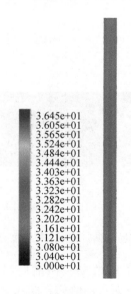

图 3-8　无防火门管廊纵向断面空气温度分布云图(中段)(单位:℃)

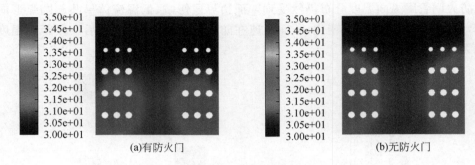

(a)有防火门　　　　　　　　　　　　　(b)无防火门

图 3-9　防火门前横向断面空气温度分布对比(单位:℃)

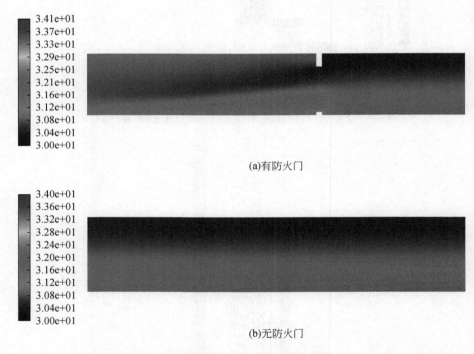

(a)有防火门

(b)无防火门

图 3-10　防火门前局部纵向断面空气温度分布对比(单位:℃)

　　从图 3-9 和图 3-10 可以看出,在防火门前局部温度分布上,无防火门管廊温度分布与防火区间内部相同,有防火门管廊在防火门处出现下部温度高的特征,且在该处的最高温度高于无防火门管廊。防火门结构在两边管线区域设置防火墙,其阻挡了管线区域通风,使中部风量增多,虽然断面风速因防火门面积减小而变大,但管线区域风速减小,在该算例中,防火门前 1m 位置处,有无防火门管廊断面最高温度分别为 32.78℃ 与 31.63℃，两者相差 1.15℃。可以看出，防火墙阻挡了此处管线区域通风，其底部风量向中部防火门处集中，两边管线区域热量累积，因此造成局部高温。

3.1.3　有高差管廊温度场分布特征

城市综合管廊位于地下，由于城市地形的复杂性，综合管廊在建设过程中有时会遇到地面高程变化，或需要避开地下的其他障碍，如地铁、桥梁、隧道等，这就不得不改变管廊的埋深，以适应不同的地质条件和工程要求，为了实现管廊埋深的改变，通常会使用高差结构来进行调整。当通风区间中存在高差结构时，温度场也会呈现不同的分布特征。选取 3m、5m、7m 和 10m 高差结构进行分析，对不同高差局部结构进行模拟，结果如图 3-11 和图 3-12 所示。

从图 3-11 可以看出，在温度分布上，高差结构相比直线段有明显的热量累积，在高差结构后段处有明显的温度升高，这是因为高差结构带来了特殊的流场分布。从图 3-12 可以看出，新风从进风口进入高差结构，在进风口后一段直线距离中保

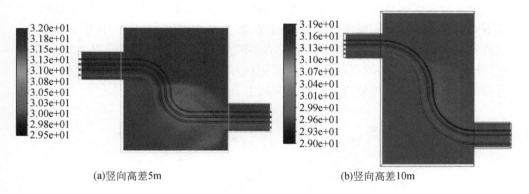

图 3-11　高差结构纵向剖面空气温度分布云图（单位：℃）

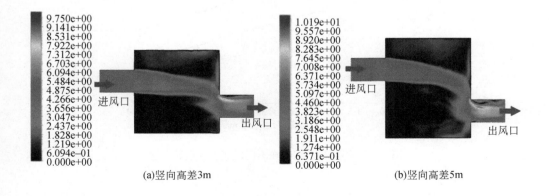

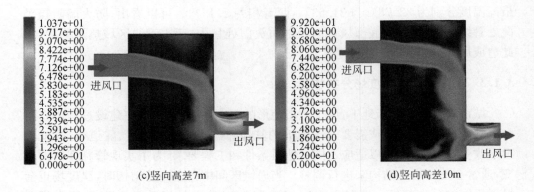

图 3-12　高差结构纵向剖面断面速度云图（单位：m/s）

持高风速，但在靠近管壁后受到阻碍，风量向四处逸散，高风速区域靠近壁面向下，在出风口处重新聚集，除高风速区域外，其他位置风速较小，空气在高差结构中不断涡旋，难以有效排出热量，因此造成温度升高。

　　为了探究不同高差结构中的温度分布规律，并避免高差结构中的热量累积，计算不同高差结构在不同风速下的最高温度，如图 3-13 所示。从图中可以看出，不同高差结构的最高温度相差较大，这说明不同高差结构产生了不同程度的热量累积，分析不同高差结构的温度分布，其高温区域均在其线缆转角处，管线布置不同可能是不同高差结构热量累积程度不同的主要影响因素。

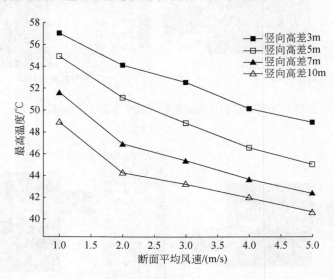

图 3-13　不同高差结构在不同风速下的最高温度

不同高差结构在同一风速下的最高温度如图 3-14 所示。从图中可以看出,小高差结构的最高温度高于大高差结构。不同高差结构中的管线布置不同,小高差结构的纵向高度小,相比大高差结构,其体积更小,其中管线布置的转角半径相应变小,管线也更加密集,体平均发热量也更大,加之高差结构中风速不均匀,未处于高风速区域的余热无法及时排出,所以最高温度更高。

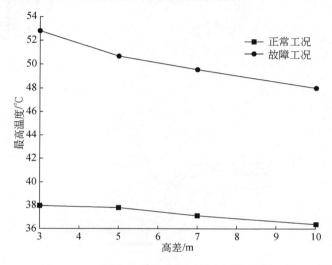

图 3-14　不同高差结构在同一风速下的最高温度

为了避免高差结构中的热量累积,需要将管线布置在高风速区域,管线布置形式如图 3-15 所示。计算 5m 高差结构中三种不同管线布置形式的最高温度,如图 3-16所示。三种不同的管线布置形式改变了高差入口处管线直线段长度,从图中可以看出,入口处管线直线段长度越长,廊内最高温度越低,因此从管廊温度场的角度考虑,高差结构内的管线布置应尽量延长直线段距离。高差结构中的高风速区域为入口后的直线段,靠近墙壁后高风速区域转向下,与出口直线段相连接,其他区域风速较低,热量难以排出,所以延长管线直线段距离,使之与高风速区域重合,能有效降低廊内热量累积。因此,从管廊温度场的角度考虑,高差结构中管线布置应延长入口处直线段距离,并让管线转角半径增大,能有效缓解高差结构中的热量累积。

3.1.4　有转角管廊温度场分布特性

城市综合管廊是一种集中布置各类城市地下管线的设施,它可以与道路同步规划建设,提高城市空间利用率和管线管理效率。与城市道路相同,管廊也会有转弯的需求,为了保证管廊的转弯安全和稳定,需要使用转弯结构。转弯结构主要分

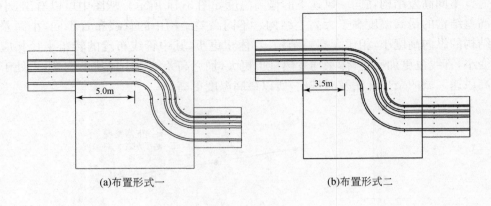

(a)布置形式一　　　　　　　　　　　　(b)布置形式二

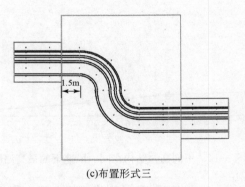

(c)布置形式三

图 3-15　管线布置形式

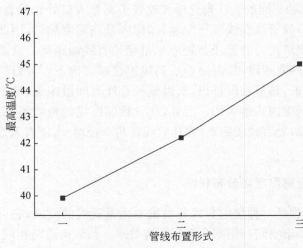

图 3-16　三种不同管线布置形式的最高温度

为折角和倒角结构,它们有不同的温度场分布特性,不同转角角度的转角结构示意图如图 3-17 所示。

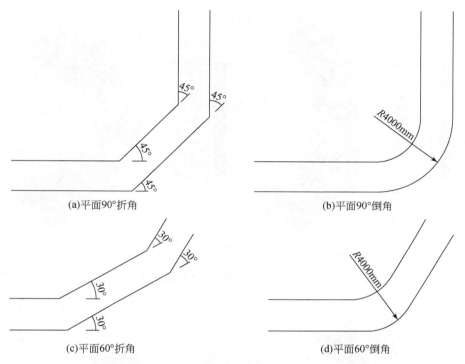

图 3-17　不同转角角度的转角结构示意图

对不同转角角度的转角结构进行模拟,计算其最高温度,如表 3-1 所示。

表 3-1　不同转角类型的最高温度

转角类型	廊内最高温度/℃
90°折角	44.70
90°倒角	39.98
60°折角	42.80
60°倒角	39.65

不同转角结构断面空气温度分布云图如图 3-18 和图 3-19 所示。可以看出,在转角结构中,热量在转角处累积明显,转角处内外侧均出现高温区域。转角处带来了额外的通风摩阻,且内外侧布置有管线和支架,所以管廊内外侧出现了热量累积现象,倒角和折角具有不同的温度分布特征,折角结构在折角处有更明显的高温

区域。这种差别主要来自两种结构风阻差异造成流场形态不同,进而对温度场造成影响。

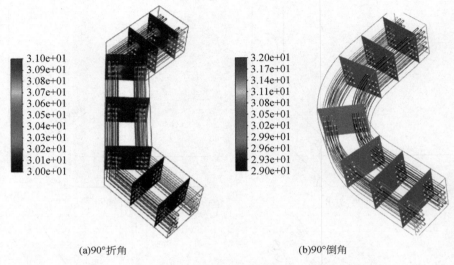

(a)90°折角　　　　　　　　　　　　(b)90°倒角

图 3-18　90°转角结构断面空气温度分布云图(单位:℃)

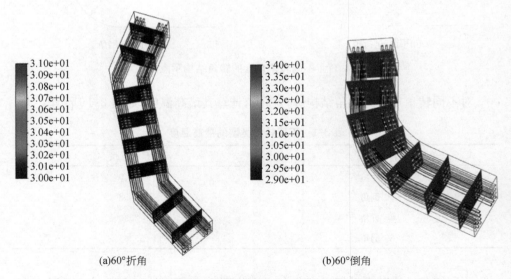

(a)60°折角　　　　　　　　　　　　(b)60°倒角

图 3-19　60°转角结构断面空气温度分布云图(单位:℃)

　　不同转角结构断面风速分布云图如图 3-20 所示。可以看出,两种转角结构均在转角内侧出现低风速区域,折角结构在折角处内侧出现较大的低风速区域,因此在折角处热量累积，温度比之前直线段升高，而倒角结构通风流场更为顺畅。由表 3-1 可知，折角结构的最高温度高于相同角度的倒角结构，在该算例中，90°折角与 90°倒角结构最高温度相差 4.72℃。

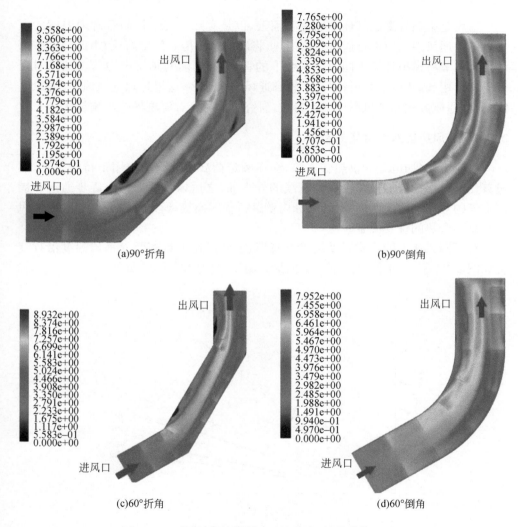

(a)90°折角　　　　　　　　　　　　(b)90°倒角

(c)60°折角　　　　　　　　　　　　(d)60°倒角

图 3-20　不同转角结构断面风速分布云图(单位:m/s)

　　不同角度的折角结构具有温度分布差异，90°折角结构在折角处阻力更大，流场更为紊乱，热量累积更多。在该算例中，90°折角结构的最高温度比 60°折角结构高 1.9℃，而不同角度的倒角结构温度及温度分布差异并不显著，90°倒角结构的最高温度略高于 60°倒角结构，因为倒角结构本身流动顺畅，所以受转角角度影响较小。因此从管廊温度场角度出发,倒角结构优于折角结构。

3.2　通风对城市综合管廊温度场的影响

通风是影响管廊温度环境的重要因素,也是实际工程中控制管廊内温度的主要手段。通风降温原理是通过对流换热,将廊内余热传入低温新风,由此降低管廊温度。本节将模拟计算不同通风参数下的管廊温度场,对地下电力管廊通风对温度场的作用和影响规律进行研究。管廊通风参数众多,这里选取通风风速、通风区间长度、通风方式和进风温度四个参数,研究它们对管廊温度场的影响规律。

3.2.1　通风风速对温度场的影响

发热管线(如电缆和供热管道等)会在额定荷载或热媒的作用下持续发热,热量首先经过保护层的导热传递到管线的外表面,之后以管线为中心逐步通过和周围空气的对流换热向四周蔓延,并和内壁进行辐射换热,所以经过管线外表面的风速是排出余热的重要因素。

对不同风速下的管廊温度场进行模拟,不同风速下管廊断面平均温度沿程变化如图 3-21 所示,不同风速下管廊内最高温度变化如图 3-22 所示。

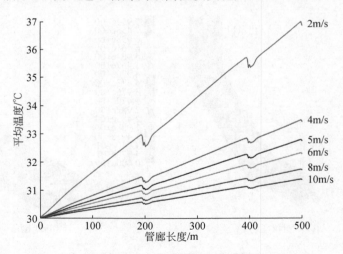

图 3-21　不同风速下管廊断面平均温度沿程变化

从图 3-21 和图 3-22 可以看出,廊内温度随风速增大而降低。根据对流传热理论,随着风速增大,对流换热系数增大,所以对流换热传走更多热量,廊内温度降低。从图 3-21 可以看出,管廊断面平均温度沿程逐渐增加,这是因为管线发热热

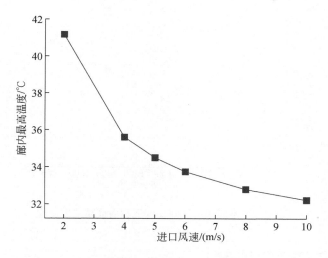

图 3-22 不同风速下管廊内最高温度变化

量累积,同时新风温度沿程上升,带走的热量变少。

同时,不同风速间的廊内最高温度差也呈现出一定规律,在该算例中,风速从 2m/s 增加到 4m/s 时,最高温度下降 5.54℃,之后随着风速增加,温度下降幅度逐渐减小,并趋于稳定,风速从 8m/s 增加到 10m/s 时,最高温度仅下降了 0.56℃。可以看出,通过增大风速降温,边际效应明显。在通风风速较大的情况下,继续增大风速,降温收益小,应考虑配合其他方式进行降温。

3.2.2 通风区间长度对温度场的影响

通风区间是管廊通风系统设计中的重要参数,它影响通风系统的效率和成本,需要根据管廊实际情况确定。延长通风区间是减少风机数量、降低运行能耗、减少通风孔口对城市景观影响的有效举措,也是目前工程实际的发展趋势,但是长区间通风依然存在局部温度高、通风阻力大、风速过低等技术难点有待研究。

对不同通风区间长度下的管廊温度场进行模拟,廊内最高温度变化如图 3-23 所示。

从图 3-23 可以看出,廊内最高温度随通风区间长度的增加而增大,且变化规律接近线性关系。在该算例中,每增加 200m 通风区间长度,廊内最高温度提升约 1.10℃。通风区间长度越长,意味着新风在管廊内停留的时间越长,与高温空气的对流传热时间越长,因此空气的温度越高,带走的热量越少,廊内的热量积累越多,最高温度越高。由于管线发热热量和新风温度的变化都是相对平稳的,廊内最高温度与通风区间长度的关系也比较稳定,接近线性关系。

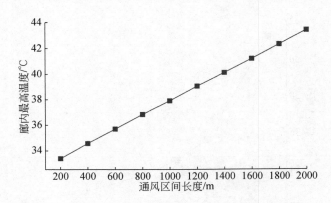

图 3-23　不同通风区间长度下廊内最高温度变化

3.2.3　通风方式对温度场的影响

综合管廊电力舱内的通风方式主要分为自然通风和机械通风两大部分,自然通风分为自然风压通风和自然通风辅以诱导式通风两种,机械通风分为机械进风＋自然排风、自然进风＋机械排风和机械进风＋机械排风三种。

自然风压通风就是不借助任何外部方式利用自然风压进行的电力舱廊内通风。自然风压只有在廊内存在密度差和廊内进出口存在高度差时存在,此种情况一般在山区综合管廊电力舱出现较多,并且受限于自然风压问题,通风区间不宜过长。城市综合管廊通常高程变化较小,自然通风方式需要刻意增加排风口的高度,不仅增加工程成本,还严重影响市容市貌,故城市地下综合管廊通风一般不采用自然风压通风。

机械进风＋自然排风为正压通风方式,风机布置在进风口位置,在风机的作用下,廊内正压推动空气由进风口依次向排风口流动,从排风口自然排出;自然进风＋机械排风为负压通风方式,风机布置在排风口位置,在风机的抽吸作用下,廊内形成一定的负压,此时空气能够从进风口自然进风到廊内。

本小节主要分析机械通风方式对管廊温度场的影响,通风方式 1 为默认通风方式:自然进风＋机械排风;通风方式 2 为机械进风＋自然排风;通风方式 3 为机械进风＋机械排风。不同通风方式下管廊断面平均温度沿程变化如图 3-24 所示。

从图 3-24 可以看出,三种通风方式的温度差别不明显,这是因为机械进风＋机械排风使用两台风机,流场更加流畅,受扰动较小,同时相应运营成本也升高,但在高温、较长的电力管廊中,机械进风＋机械排风在温度场方面的优势并不明显。

为了减少舱内运营成本等方面的问题,目前综合管廊中短距离通风运用最多的是自然进风＋机械排风方式,相较于机械进风＋自然排风方式,机械排风使管廊

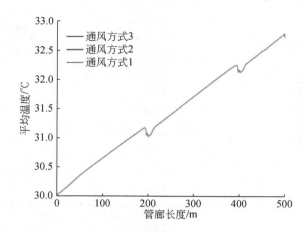

图 3-24　不同通风方式下管廊断面平均温度沿程变化

内保持在负压状态，能有效防止气体泄漏，减小爆炸发生的概率。但在长距离通风区间中，机械通风和自然通风相结合的方式无法克服通风摩阻，采用机械进风＋机械排风方式将两台风机进行串联，能有效增加通风压强，更加适合长距离通风区间管廊。

3.2.4　进风温度对温度场的影响

进风温度是指从外部引入管廊的空气温度，即进风口处新风温度，它随季节时间改变，是影响管廊内温度场的重要因素之一。不同进风温度下管廊断面平均温度沿程变化如图 3-25 所示，不同进风温度下管廊内最高温度变化如图 3-26 所示。

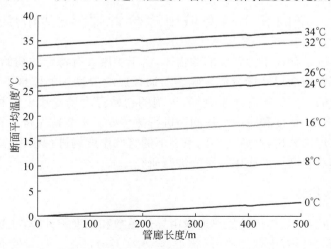

图 3-25　不同进风温度下管廊断面平均温度沿程变化

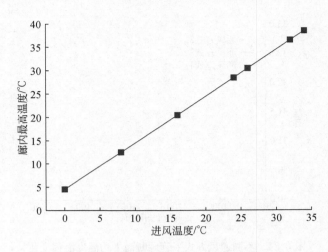

图 3-26　不同进风温度下管廊内最高温度变化

从图 3-25 可以看出,该算例中,不同进风温度下廊内出口与进口断面平均温度差均为 2.71℃,图 3-26 也反映出廊内最高温度与进风温度呈线性增长关系。除土壤传热外,管廊内热传递方式主要为进风与固体壁面间的对流传热,根据牛顿冷却定律,单位面积的对流传热大小与温差成正比,改变进风温度,相当于直接改变温差,所以廊内最高温度与进风温度呈线性关系。

从模拟结果可以看出,廊内温度场基本可由进风温度控制,但在实际工程中,进风温度难以人为改变,季节变化、昼夜交替带来环境温度改变时,进风温度才随之改变。

3.3　壁面和土壤对城市综合管廊温度场的影响

管壁和土壤是存在于管廊外部的物体,由于土壤具有特殊的初始温度场,不可避免地会对管廊内部温度场造成影响。与通风影响温度场的原理不同,管壁和土壤通过热传导的方式影响廊内温度场,土壤的初始温度场导致土壤和管廊间具有温度差,所以土壤、管壁和廊内流场间会进行热传导。本节首先将对管壁和土壤的传热特性进行理论分析,然后对不同条件下的管廊温度场进行模拟,对地下电力管廊壁面和土壤对温度场的作用和影响进行研究。

3.3.1　土壤传热特性

根据傅里叶定律,热传导的热通量由导热系数和温度差计算,土壤导热系数受多种因素影响,主要有土壤的成分、容重、含水率及分散度。运营管廊外的土壤总体处于稳定状态,成分、容重及分散度不会发生较大的改变,可以视为一个定值。

土壤初始温度同样也是土壤重要的传热特性,它可分为变温带、恒温带和增温带,采用明挖法施工的地下管廊一般覆土深度为 3～5m,处于变温带,受环境因素影响较大,土壤初始温度随深度变化,目前对浅层土壤的温度研究较少,应用理论计算对温度变化规律进行研究。在分析未受扰动的原始土壤温度时,将地表向下土壤视为一个均质的半无限大平面,土壤温度分布即为时间和空间的傅里叶函数,假设土壤为均匀各向同性的热导体,土壤的温度分布可以视为无内热源的一维非稳态温度场,可用一维瞬态导热微分方程表示,综合考虑太阳辐射、土壤表面空气流速、地表蒸发、土壤热物性参数以及内部水流渗透、地心传热等因素,联立公式可得到

$$T(z,t) = T_m + T_{amp} e^{-\frac{z}{D}} \cos\left(\Omega t - \frac{Z}{D}\right) \tag{3-1}$$

式中,T_m 为地表年平均温度,℃;T_{amp} 为地表温度年振幅,℃;Z 为土壤深度,m;D 为土壤温度的年周期性波动衰减深度,m;Ω 为温度波的波动频率,rad/s;t 为计算时间,s。

温度波的波动频率可通过式(3-2)计算:

$$\Omega = \frac{2\pi}{T} \tag{3-2}$$

式中,T 为土壤温度年波动周期,h,取一年时间为 8760h。

土壤温度的年周期性波动衰减深度可通过式(3-3)计算:

$$D = \sqrt{\frac{2\alpha}{\Omega}} \tag{3-3}$$

式中,α 为土壤热扩散系数,m^2/h。

以华中地区为例进行计算,其土质较为致密,导热系数取为 2.2W/(m·K)。选取典型季节夏季与冬季,分别计算白天与夜晚的土壤温度分布,已知华中地区主要气候特点为夏热冬冷,根据气候特点与部分气象数据,对土壤温度计算参数进行取值,如表 3-2 所示,代入上述公式计算得到不同季节白天和夜晚的土壤温度分布,如图 3-27 所示。可以看出,土壤浅层受环境因素影响大,温度随深度剧烈变化,土壤深度 12m 以下温度基本稳定,进入了恒温层,符合土壤温度分布的基本规律。

表 3-2　华中地区土壤温度计算参数

时间	季节	地表年平均温度/℃	地表温度年振幅/℃	平均气温/℃
白天	夏季	22	15	34
	冬季			8

续表

时间	季节	地表年平均温度/℃	地表温度年振幅/℃	平均气温/℃
夜晚	夏季	16	15	26
	冬季			0

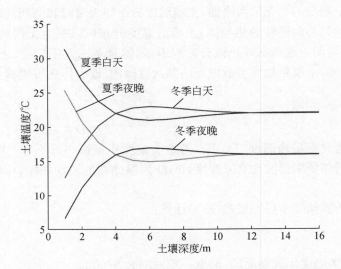

图 3-27　不同季节白天和夜晚的土壤温度分布

3.3.2　土壤传热对温度场的影响

土壤传热是指土壤通过热传导向管廊内进行传热,其影响规律随季节时间改变,也是影响管廊内温度场的重要因素之一。

在进行带土壤管廊数值模拟计算时,需要在管廊外部建立土壤模型,管廊上方土壤厚度可根据埋深进行建模,而管廊周围土壤数值模型厚度没有定论,土壤厚度对数值模拟结果影响较大,要保证厚度外的土壤温度不受管廊传热影响,这里使用一种基于传热理论的计算方法。

为简化计算过程,并最大限度保证厚度外的土壤不受传热影响,现做出以下假设:在无通风条件下,管线发出的热量全部被管壁和土壤吸收;将管线面积向外扩大,假设管线贴着管壁向外放热。这两个假设去掉了空气对流传热带走的管线发出的热量,增大了管廊外土壤厚度的计算结果,是偏安全的假设。

根据假设,发热管线向土壤的热传递方式仅为热传导,根据热传导理论,可以得到

$$q=\frac{A}{R}(T_1-T_2) \tag{3-4}$$

$$R=\sum_k \frac{L_k}{\lambda} \tag{3-5}$$

式中,q 为管线发出的热量,W;λ 为导热系数,W/(m·K);L_k 为材料的厚度,m;R 为热阻,(m²·K)/W;T_1 为管线外表皮温度,℃;T_2 为厚度外土壤温度,℃;A 为传热面积,m²。

平衡方程为管线发热量等于土壤、管壁吸热量,当土壤温度等于原土壤温度时,厚度外的土壤不受管廊传热影响。根据式(3-4)和式(3-5)的计算结果建立模型进行模拟研究。

和进风温度相同,土壤温度场变化通常只会因季节时间变化,所以选取夏季昼夜和冬季昼夜进行计算,并和未考虑土壤传热的进风温度研究中的模拟结果进行对比,分析不同环境温度下土壤对管廊温度场的影响。是否考虑土壤传热的管廊断面平均温度沿程变化如图 3-28 所示,是否考虑土壤传热的不同环境温度下廊内最高温度变化如图 3-29 所示。

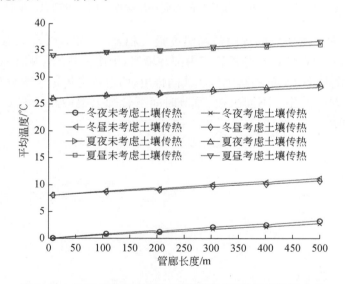

图 3-28　是否考虑土壤传热的管廊断面平均温度沿程变化

从图 3-28 可以看出,是否考虑土壤传热对管廊内部环境有明显的影响,具体表现为夏季土壤对管廊有降温作用,冬季土壤对管廊有保温作用。该算例中,在冬季,考虑土壤传热的廊内最高温度比未考虑土壤传热时高 1.0~1.4℃;在夏季,考虑土壤传热的廊内最高温度比未考虑土壤传热时低 0.7~1.1℃。因为土壤的温度传递具有滞后性,所以表现出土壤夏季供冷和冬季供热的特性。从图 3-29 可以

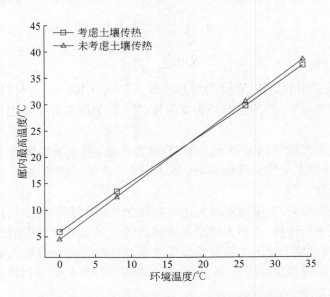

图 3-29　是否考虑土壤传热的不同环境温度下廊内最高温度变化

看出,是否考虑土壤传热的廊内最高温度最大相差 1.4℃,500m 长管廊土壤传热热量为 22167.27W,所以在分析管廊内部环境时,土壤传热的影响不能忽视。

管廊内散热量由土壤和新风传热共同排出,两者各自传走一部分热量,其比例随风速、季节时间变化。不同风速、季节时间下管廊土壤传热比例变化如图 3-30和图 3-31 所示。

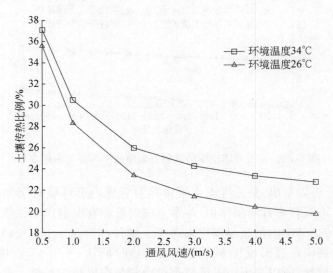

图 3-30　不同风速、季节时间下明挖管廊土壤传热比例变化

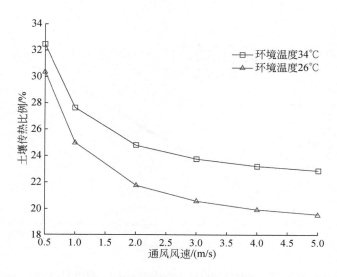

图 3-31　不同风速、季节时间下暗挖顶管管廊土壤传热比例变化

从图 3-30 和图 3-31 可以看出,土壤传热比例随通风风速的增大而减小,其减小幅度逐渐变小,土壤传热比例随环境温度的增加而变大,其变化幅度随风速增大而增大,在该算例中,不同情况下土壤传热比例均在 18% 以上。根据传热理论,土壤传热为管廊壁面与远场土壤间的热传导,其传热量主要由壁面温度与土壤温度决定,根据通风风速对廊内温度的影响规律可知,通风风速增大后,廊内温度降低,当通风风速较大时,廊内温度随通风风速增大而下降的幅度变小,因此土壤传热量及其比例呈现出相同规律;环境温度则改变了土壤温度场,使其与壁面温度的温度差增大,所以土壤传热比例随环境温度的增大而增大。

3.3.3　管壁厚度对温度场的影响

管壁是管廊重要的混凝土结构,它与廊内流场直接接触,影响着管廊的流场与温度场,这里探究管壁厚度对管廊温度场的影响。不同管壁厚度下管廊断面平均温度沿程变化如图 3-32 所示。从图中可以看出,管壁厚度只对管廊内部环境造成轻微影响,主要作为热阻减小土壤向管廊的传热量,且管壁越厚,对土壤传热量的影响越大。模拟时间为夏季白天,管廊向土壤排热,土壤与管廊的传热方式为热传导,管廊传热量通过管壁和土壤传导,管壁是热传导中的热阻之一,所以当管壁厚度增大时,管廊向土壤传热受阻,廊内温度会略微上升。管壁是保护廊内空间的重要结构,管壁厚度设计的首要目标是应满足受力需求,对管廊内部温度场的影响不应作为重点考虑。

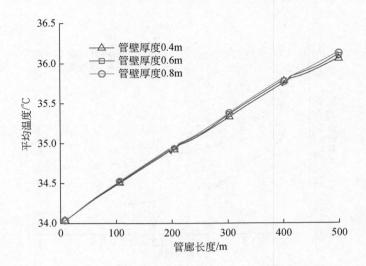

图 3-32　不同管壁厚度下管廊断面平均温度沿程变化

3.4　本章小结

　　本章主要研究了管廊的温度场特性及通风、土壤传热对管廊温度场的影响。首先分析了有无通风、有无防火门及不同转角、高差对管廊温度场的影响及分布特性;其次,通过数值模拟方法,研究了地下电力管廊通风对温度场的作用和影响,探究了不同通风参数对管廊温度场的影响规律;除通风外,土壤传热也是管廊温度场的主要影响因素,探究了土壤传热对管廊温度场的影响。主要得到如下结论:

　　(1)无通风时,管廊内高温区域集中在发热管线区域,整体温度高,有通风时,两侧管线之间区域温度明显降低,管廊中部为低温区,两侧管线区域仍为相对高温区。

　　(2)防火门、高差及转角结构均会对管廊温度和分布特征造成影响。有防火门管廊在防火门前出现下部温度高的特征,且在该处局部最高温度高于无防火门管廊;高差结构会带来一定的热量累积,高差越小,局部热量累积现象越严重,其主要原因是高差结构中的管线布置形式,延长入口处管线直线段距离,并让管线转角半径增大,能有效解决高差结构中的热量累积;转角结构会造成管廊温度升高,从管廊温度场角度,倒角结构优于折角结构,相同转角角度下倒角结构的最高温度小于折角结构,无明显热量累积区域,且转角角度越大,折角结构温度升高越明显。

　　(3)通风系统中多种参数均会对管廊温度场造成影响。对于城市综合管廊温度场,增大通风风速具有降温效果,但边际效应明显,在通风风速较大时,需考虑其他方式完成降温;通风区间长度增大,管廊内最高温度增大,二者的关系接近线性增长;管廊内温度主要由进风温度控制。

(4)土壤传热特性分为导热系数和初始温度场,通过理论推导了土壤初始温度场公式,以华中地区为例,分析了土壤在不同季节时间的温度特性和变化规律,浅层土壤温度受到环境因素的影响大,温度随深度剧烈变化,且具有滞后性,在管廊温度计算时,需考虑浅层土壤的变温特性。

(5)土壤传热会对管廊温度场造成影响,具体表现为夏季时对管廊有降温作用,冬季时对管廊有保温作用;土壤传热比例随通风风速的增大而减小,且减小幅度逐渐变小,土壤传热比例随环境温度的增加而增大,其变化幅度随风速的增大而增大;管壁厚度对管廊内部环境影响较小,主要作为热阻减小土壤向管廊的传热量,且管壁越厚,对土壤传热的影响越大。

第 4 章　城市综合管廊除湿技术研究

近年来,随着地下综合管廊建设的不断推进,管廊内潮湿问题逐渐成为新的研究热点。本章从城市综合管廊湿度来源入手,梳理和思考目前管廊工程高湿度带来的危害,并提出合理的通风方案和辅助除湿手段来控制综合管廊内的相对湿度。

4.1　城市综合管廊湿度来源及危害

4.1.1　管廊湿度来源

城市综合管廊作为地下工程的一种,由于位于地面之下,长期受到岩土、土壤的包围,具有良好的封闭性,但同时也因此无法及时与外界大气进行空气交换,廊内管线散湿散热易造成管廊内部形成高湿高热环境。分析管廊运营过程,其内部湿度来源主要包括四个方面:围护结构散湿、敞开水表面散湿、人体散湿和外界新风带湿。

1. 围护结构散湿

围护结构是指管廊的主体结构,分为现浇结构和预制拼装结构两种形式,它们都由钢筋混凝土材料制作而成。围护结构散湿的水源主要为钢筋混凝土施工后残留的液态水量和围护结构外层覆土中的水,后者可透过管廊壁的裂缝以液态水的形式渗入,也可以水蒸气的形式通过脱附、吸附、扩散等传输机理透过管廊壁的孔隙而迁移到廊内。当结构存在施工缝、拼装缝、衬砌裂缝等时,围护结构外水源则会渗入管廊内部。围护结构散湿量计算公式为

$$W_1 = Aw \tag{4-1}$$

式中,W_1 为主体结构散湿量,g/h;A 为衬砌层内表面面积,m^2;w 为衬砌层内表面单位散湿量,$g/(m^2 \cdot h)$,取值如表 4-1 所示。

2. 敞开水表面散湿

敞开水表面是指管廊底面内存在的水洼、集水坑等自由液面,其会向空气不断散湿,带来湿负荷。

表 4-1　衬砌层内表面单位散湿量

衬砌类型	表面单位散湿量/[g/(m² · h)]
一般混凝土贴壁衬砌	1~2
衬套、离壁衬砌	0.5

综合管廊将给水、中水、污水等水系统管道纳入廊内,管道会由于锈蚀和外力作用而开裂,进而发生渗漏,并在开裂处及其附近形成新的敞开水表面。这也是输水管道带来湿负荷的原因,其散湿量可视为给定湿源下造成的自由水面,可按敞开水表面散湿量进行计算。

敞开水表面散湿量与水面表面积、水蒸气分压力相关,其计算公式为

$$W_2 = \frac{S\alpha(p_w - p_a)}{2400} \tag{4-2}$$

式中,W_2 为敞开水表面散湿量,kg/h;α 为蒸发系数,mm/(d · hPa);S 为蒸发表面面积,m²;p_w 为水表面温度下的饱和空气水蒸气分压力,Pa;p_a 为空气中水蒸气分压力,Pa。

其中,蒸发系数 α 与气温、风等有关,可按式(4-3)计算:

$$\alpha = (2.77 + 1.56v^2 + 0.25\Delta T^2)^{0.5} \times 10^{-1} \tag{4-3}$$

式中,ΔT 为水汽温差,℃;v 为水表面上空气流速,m/s。

3. 人体散湿

人体主要通过呼吸、排汗、饮水等方式向空气中散湿,管廊内有检修人员进行活动时会向管廊内空气进行散湿,其散湿量与廊内温度、空气流动速度和检修人员的工作状态等有关,在管廊中一般采用成年男子工作时的单位时间散湿量进行计算。人体散湿量可表示为

$$W_3 = 0.278n\varphi g \times 10^{-6} \times 3600 \tag{4-4}$$

式中,W_3 为人体散湿量,g/h;g 为每小时散湿量,g/h,成年男子取值为 90g/h;n 为室内人数;φ 为群集系数,管廊工程中取 1。

4. 外界新风带湿

当综合管廊内、外部存在一定温差时,潮湿的外界新风进入地下建筑物内,其相对湿度随着周围温度的下降而逐渐升高,甚至当周围温度低于其露点温度(空气在含湿量、气压都不变的情况下达到饱和时的温度)时,湿空气就会在壁面上结露,凝结成水。

当管廊处于湿度较高的地区时,外界空气湿度较高,新风带入的水分会滞留在管廊内部,加重廊内湿负荷。外界新风带湿量可采用式(4-5)计算:

$$W_4 = Q\rho(d_w - d_n) \tag{4-5}$$

式中,W_4 为外界新风带湿量,g/h;Q 为进入廊内的新风量,m^3/h;ρ 为空气密度,kg/m^3;d_w 为外部空气含湿量,g/kg;d_n 为内部空气含湿量,g/kg。

4.1.2　管廊湿度危害

湿度是影响空气质量的重要参数之一,它对城市综合管廊各个方面都有着重大的影响。首先,湿度过高或过低都会加速综合管廊主体结构的老化和腐蚀,降低其抗压和抗震能力,增加维修和更换的成本与风险。其次,湿度不适宜也会对入廊管线和支架造成损害,导致管线泄漏、支架变形或断裂,影响管廊的正常运行和安全性。再次,湿度不合理还会对电气设备产生危害,引起设备的短路、过热或火灾,造成严重的经济损失和人员伤亡。最后,湿度不舒适还会对检修人员的健康造成威胁,使他们感觉闷热、不适或呼吸困难,影响他们的工作效率和质量。

1. 湿度对主体结构耐久性的影响

综合管廊主体结构为钢筋混凝土结构,它拥有良好的力学性能,但也有两个致命的弱点,即碳化和碱-骨料反应,它们是结构寿命缩短的根本原因,也是湿度对综合管廊主体结构造成影响的主要原因。

混凝土的孔隙在高湿环境中充满了水分,使得内部 CO_2 无法扩散,而在干燥环境中,孔隙中又缺乏水分和 CO_2 的反应条件。有研究发现,混凝土结构的碳化速度随着周围介质相对湿度的变化呈现出先增后减的规律。日本的一项试验表明,把水中养护了 7d 的混凝土放在不同湿度环境中继续养护 16 年后,发现混凝土的碳化速度在空气相对湿度为 50%～60% 时最高。

对于碱-骨料反应,有试验证明,环境的湿度和水分越多,反应速度和膨胀程度就越大,当混凝土结构的环境干燥或者混凝土内部的相对湿度高于环境相对湿度,且混凝土内部的相对湿度低于 80% 时,膨胀就会停止,而当混凝土内部的相对湿度低于 75% 时,反应就无法进行。混凝土保护层一旦因为碳化或者碱-骨料反应而开裂到钢筋表面,就会导致钢筋开始锈蚀,铁锈的生成和膨胀又会使得混凝土保护层的裂缝扩大,从而加快钢筋的锈蚀,管廊主体钢筋混凝土结构的耐久性也就随之下降。

2. 湿度对入廊管线耐久性的影响

为提高城市空间利用率,减少地面管线的占用和破坏,提高城市管理效率和安全性,城市综合管廊会将水系统管道、电力电缆及通信电缆纳入廊内,湿度也会对其耐久性造成影响,导致性能下降或损坏。

入廊管道大多采用金属管道,如铸铁管、钢管、铜管等,它们具有较高的强度和耐压性,适合用于输送水、燃气等介质。但是,金属管道也容易受到潮湿环境下的电化学腐蚀,即金属表面与水分和氧气发生化学反应,形成氧化物或盐类,从而降低金属的强度和导电性。电化学腐蚀的速度与环境的相对湿度有关,当相对湿度到达金属材料内部临界湿度时,腐蚀速度将会急剧增大,钢材的临界湿度约为70%,当相对湿度超过这个值时,钢材的腐蚀速度会呈指数增长。

入廊电缆主要包括电力电缆和通信电缆,它们是城市供电和信息传输的重要组成部分。电缆的结构一般由导体、绝缘层、屏蔽层和护套层组成,其中绝缘层和屏蔽层的作用是防止电流泄漏和干扰,保证电缆的正常工作。但是,电缆在受潮后,其内部的电容量和电感量会发生变化,影响电缆的传输特性。电容量是电缆内部储存电荷的能力,电感量是电缆内部产生电磁场的能力,它们都与电缆的长度、截面积和介质材料有关。当电缆受潮后,其内部的介质材料会吸收水分,导致电容量增幅超过电感量增幅,使得总容抗下降、感抗上升,加剧信号泄漏,传输阻力增大,严重时可能导致数据信号传输系统混乱。

3. 湿度对管线支架耐久性的影响

入廊管线支架是综合管廊内的重要组件,它们的作用是固定和支撑管线,保证管线的安全和稳定。支架的材质一般选择镀锌钢,因为镀锌钢具有较高的强度和耐腐性,能够适应管廊内的各种环境条件。镀锌钢是在普通钢材的表面覆盖一层锌,利用锌的牺牲阳极保护作用,防止钢材的氧化和锈蚀。但是,镀锌层并不是完全密封的,它也会受到环境的影响而发生腐蚀,尤其是在高湿度的环境中,镀锌层会与水分和空气中的氧气、二氧化碳等物质发生化学反应,形成白锈或黑锈,从而削弱镀锌层的保护效果,使得基体钢材暴露于腐蚀环境中。研究表明,镀锌钢的腐蚀速度与相对湿度、潮湿时间和湿度波动有密切的关系,在相对湿度越高、潮湿时间越长或者相对湿度大幅波动的情况下,镀锌钢腐蚀越严重。因此,管线支架长期处于高湿度的环境中,会显著影响其耐久性。

4. 湿度对电气设备安全性的影响

综合管廊内部会在设备层安装有配电箱、监控传感终端和风机等电气设备,它们都是保障管廊运行的重要节点,保证管廊内的安全和稳定。电气设备的外壳一般采用钢板材质,以增强其机械强度和防火性能。但是,钢板外壳也有一个缺点,就是在潮湿环境下,容易在表面凝结水蒸气,形成水珠或水膜。这些水蒸气会通过外壳的缝隙或孔洞渗入电气设备内部,造成内部的空气湿度升高,空气电阻降低,导致电流泄漏或短路,损坏电气元器件,如开关、继电器、变压器等。同时,水蒸气也会与金属器件发生化学反应,形成氧化物或盐类,使得金属器件的强度和导电性下降,加速金属的锈蚀。这些问题都会影响电气设备的正常工作,甚至引发火灾或爆炸等严重事故。因此,为了提高电气设备的安全性,需要在管廊内控制湿度的变化,定期检查和维护电气设备,及时清除水蒸气和锈蚀,防止其对电气设备的危害。

研究表明,综合管廊内部的相对湿度对电气、电子设备的运行有一定的影响,当相对湿度过高或过低时,都会降低设备的性能和寿命。当综合管廊内部的相对湿度不大于75%时,适宜于一般电气、电子设备的运行,因为在这个湿度范围内,设备的电阻、电容、电感等参数都比较稳定,不容易发生异常。

5. 湿度对检修人员健康的影响

城市综合管廊内集中有多种管线和设备,为了保障管廊运行的安全性,需要定期进行检修和维护。入廊检修的工作人员需要在管廊内部进行各种操作,如检查、清洁、更换、修复等,因此需要考虑湿度对工作人员健康状况的影响。

当相对湿度过高时,会影响人体的蒸发散热,使人体的体温调节失效,导致身体出汗过多,失去水分和电解质,引发脱水、中暑、热射病等症状。同时,高湿度也会增加人体的血液黏度,降低血液循环的速度,造成血压升高、心脏负担加重,引发偏头疼、脑血栓等症状。因此,当相对湿度过高时,工作人员需要注意补充水分和盐分,穿着透气的衣服,避免过度劳累,及时休息和降温。

当相对湿度过低(低于30%)时,会由于眼睛、皮肤等产生的干燥感而明显感觉不适,容易引发流感、哮喘等症状。这是因为低湿度会导致人体的黏膜和皮肤失去水分,降低其屏障功能,使得人体更容易受到细菌、病毒、灰尘等外界物质的侵入,引发呼吸道、眼部、皮肤等方面的感染和炎症。

相关研究表明,综合管廊内部的相对湿度对工作人员的工作效率和安全性也有一定的影响,当相对湿度超过80%时,工业意外事故增加了三分之一,这可能是由于高湿度导致的人体不适、疲劳、注意力不集中等。而要避免眼睛和皮肤干燥,必须保持相对湿度大于30%,这是因为低于这个值时,人体的黏膜和皮肤会失去水分,降低其屏障功能,增加感染的风险。因此,为了保证入廊检修的工作人员的健康和安全,也需要控制管廊内湿度,根据具体的工作条件,选择合适的湿度范围,一般认为,相对湿度在40%~60%是比较适宜的。

4.2　城市综合管廊通风除湿

4.2.1　管廊通风除湿风量

为了解决城市综合管廊内湿度过大导致的不利影响,需要采取有效的除湿手段,其中通风是最常用的除湿手段。通风除湿的优势是简单、经济、有效,它不需要使用任何化学剂或吸湿剂,也不会产生任何污染或废物,只需要合理地设计和布置风机、风口、风道等通风设施,就可以实现管廊内部的湿度控制。当外界大气相对湿度比廊内小时,通风是最有效的除湿方法。

通风除湿是一种利用空气的湿度差来降低综合管廊内部湿度的方法,它的原理是通过风机进、排风,管廊内部的空气与外部的空气进行对流和交换,将管廊内部的湿空气排出,同时引入干燥的新风,从而达到除湿的目的。通风除湿的效果取决于进、排风的风量,所以需要计算通风除湿所需的风量。

通风除湿所需的风量可以根据管廊内外的空气湿度差来计算,一般来说,空气湿度可以用相对湿度或含湿量来表示,相对湿度是指空气中的水蒸气压力与饱和水蒸气压力的比值,含湿量是指空气中的水蒸气质量与干空气质量的比值。相对湿度是一个与温度相关的变量,温度越高,相对湿度越低,反之亦然;含湿量则是一个与温度无关的常量,只与空气中的水蒸气含量有关。因此,在计算通风除湿所需的风量时,一般采用含湿量作为不同空间内湿负荷交换的求解依据,而不是相对湿度,因为含湿量更容易测量和计算,也更能反映空气的真实湿度状况。消除空气余湿所需的全面通风换气量计算公式如下,其中通风过程一般采用体积流量进行计算,认为从管廊排出和进入管廊的空气含湿量分别与管廊内、外空气相同。

$$Q_m = \frac{W}{d_n - d_w} \qquad (4-6)$$

$$Q_v = Q_m / \rho \qquad (4-7)$$

式中,W 为管廊内空气余湿量,g/h;d_n、d_w 分别为从管廊排出和进入管廊的空气含湿量,g/kg;Q_m、Q_v 分别为按质量、体积计算的所需全面通风换气量,kg/h、m³/h;ρ 为空气密度,kg/m³。

含湿量与相对湿度之间的对应关系可以通过式(4-2)或者湿空气的焓湿图进行换算,有学者按照不同的温度和相对湿度将湿空气焓湿图梳理成含湿量,如表 4-2 所示。

$$d = \frac{622\varphi P_g}{P - \varphi P_g} \qquad (4-8)$$

式中,d 为空气含湿量,g/kg;φ 为空气相对湿度,%;P_g 为干空气分压力,Pa;P 为大气压力，Pa。

表 4-2　湿空气含湿量参照表

温度	含湿量/(g/kg)										
/℃	10%RH	15%RH	20%RH	30%RH	40%RH	50%RH	60%RH	70%RH	80%RH	90%RH	100%RH
0	0.3	0.5	0.7	1.1	1.4	2.0	2.2	2.6	2.9	3.5	3.9
5	0.5	0.8	1.0	1.6	2.0	2.7	3.2	3.8	4.4	5.0	5.4
10	0.7	1.1	1.5	2.3	3.0	3.8	4.5	5.4	6.2	7.1	7.7
15	1.0	1.5	2.1	3.1	4.2	5.1	6.4	7.5	8.5	9.6	10.7
20	1.5	2.1	3.0	4.3	5.7	7.3	8.6	10.1	11.8	13.2	14.8
25	2.0	3.0	4.0	5.9	7.8	9.8	12.0	13.9	15.8	18.0	20.1
30	2.7	4.0	5.3	7.9	10.5	13.3	16.0	18.6	21.4	24.5	27.2
35	3.5	5.2	7.2	10.6	13.7	17.5	21.4	25.3	29.0	33.0	37.0
40	4.6	7.0	9.2	14.0	18.7	23.7	28.5	33.7	39.0	—	—
45	6.0	9.0	12.1	18.3	24.4	30.7	37.4	—	—	—	—
50	7.7	11.6	15.4	23.7	32.2	40.0	—	—	—	—	—

4.2.2　管廊通风除湿方式

城市综合管廊一般设置在道路及其附近的地下空间内，通常使用在路面建设风亭的方式来进行通风。风亭的设置受到道路行车需求、道路周围景观效果等的限制，不能过多、过高，考虑到燃气舱燃气泄漏及其他事故工况的需求，综合管廊通风系统一般采用机械通风方式。

城市综合管廊通常会在两端设置有进风口与出风口，机械通风方式按风机的设置位置可以分为自然进风＋机械排风、机械进风＋自然排风和机械进风＋机械排风三种类型，《城市综合管廊工程技术规范》(GB 50838—2015)中规定，内有燃气管道、污水管道的舱室应采用机械进风＋机械排风的通风方式。

为了对比不同通风方式的除湿效果，现对一个城市综合管廊实例进行数值模拟计算，首先分析三种不同风机设置的通风方式的除湿效果，计算结果如图 4-1 和图 4-2 所示。

随着进风在流动中吸收水蒸气，三种通风方式下综合管廊相对湿度沿长度方向均呈现上升趋势，但在后半段趋于平缓，而且它们在距综合管廊入口 150m 之前略有差异，在距综合管廊入口 150m 以后几乎重合。这是因为湿度较低的新风沿程不断吸收廊内水蒸气，且综合管廊内原有相对湿度较高，进风对水蒸气的吸收能力有限，因而改变通风方式对除湿效果的影响不大。机械进风＋机械排风的投资

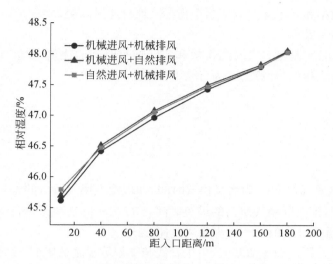

图 4-1　综合管廊各截面平均相对湿度沿长度方向的变化

图 4-2　综合管廊纵剖面相对湿度场云图

及运营成本相对其他两种通风方式较高,因此在综合管廊通风除湿时推荐使用机械进风＋自然排风或自然进风＋机械排风的通风方式。

4.2.3　管廊通风除湿效果

1. 通风除湿技术性评价指标

在实际工程中,除通风风量与通风方式外,通风除湿效果同样是管廊除湿需要关注的部分。在设计管廊通风系统时,应根据不同的气候条件和管廊特性,合理选择通风风量和通风方式,同时考虑通风空气的处理和调节,以达到最佳的通风除湿效果。

湿空气中的水蒸气在空间内的传播可以当成被动气体污染物来处理,通常使用通风换气效率和通风除湿效率两个指标来评价通风除湿效果。

1)通风换气效率

通风换气效率是指名义时间常数和实际换气时间的比值,反映了通风对空间内湿空气的排除程度,计算公式为

$$\varepsilon = \frac{t_n}{t_y} \tag{4-9}$$

$$t_n = \frac{V}{G} \tag{4-10}$$

$$G = A_r v_r \tag{4-11}$$

式中,ε 为通风换气效率;t_n 为名义换气时间,即理论上换气所需的最短时间,s;t_y 为实际换气时间,即实际换气所需的最短时间,s;G 为实际通风量,m^3/s;V 为管廊容积,m^3;A_r 为通风口面积,m^2;v_r 为通风风速,m/s。

管廊通风并不是理想活塞流,由于管线与支架等设施的阻碍,实际所需风量大于理论计算风量,这里使用换气时间来进行比较,它反映了换气的好坏,是气流的一个特性参数,取决于空气质点从进入房间到达某点的时间,即局部平均空气年龄。

2)通风除湿效率

通风除湿效率为排风口处含湿量与室内含湿量的比值,反映了通风系统将水蒸气移出室内的迅速程度,它与通风流场(如换气效率)和湿度场特点(如湿度分布、水蒸气密度等)均有关。当进风口处含湿量为 0 时,通风除湿效率计算公式为

$$E_H = \frac{H_p}{\bar{H}} \tag{4-12}$$

当进风口处含湿量不为 0 时,通风除湿效率计算公式为

$$E_H = \frac{H_p - H_o}{\bar{H} - H_o} \tag{4-13}$$

式中,E_H 为通风除湿效率;H_p 为排风口处含湿量,g/kg;$\bar{H}$ 为室内平均含湿量,g/kg;H_o 为进风口处含湿量,g/kg。

2. 通风除湿效果影响因素

在机械通风作用下,综合管廊综合舱的通风除湿效果受到若干因素的共同影响,主要影响因素有舱室几何参数和进风温湿度。以一个管廊通风模型作为研究对象,参考文献[94]中的研究方法,从通风换气效率和通风除湿效率两个维度对不同通风除湿效果影响因子作用效果进行研究,重点探究各个影响因子作用下通风除湿效果的变化规律。

1)舱室几何参数

综合管廊舱室设计的几何特征主要包括通风分区长度、断面宽高比等。

(1)通风分区长度。

在实际工程中,为了降低对地面上道路的行车需求及其周围景观效果等的影响,通风口的设置不宜过多(即通风分区长度不宜过短),常与逃生口设置相结合,通风分区的划分也多与防火分区的划分相结合,这里使用 200~400m 作为通风分区长度的控制范围,对不同通风分区长度下的通风除湿效果进行模拟,结果如图 4-3 和图 4-4 所示。

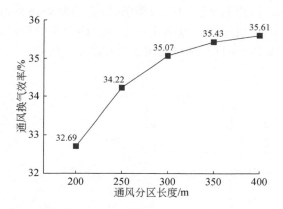

图 4-3　不同通风分区长度下的通风换气效率曲线

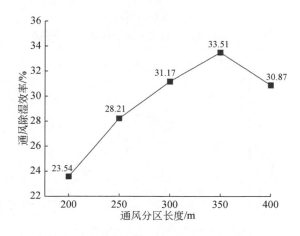

图 4-4　不同通风分区长度下的通风除湿效率曲线

通风分区长度在一定范围内增加时,通风换气效率与通风除湿效率均增加。

随通风区间变长,舱室内进风空间也会相应扩大,从而增加通风量,同时断面面积保持不变,廊内空气流速也会提高,有利于提升通风换气和除湿的效率,缩短实际换气时间。但随通风分区长度继续增加,通风换气和除湿效率的增长会趋于缓慢,实际换气时间的降低效果也会逐渐减小,且当通风分区长度超过 350m 后,通风除湿效率甚至会下降。考虑到通风分区长度越长,需要更大的通风量来满足相同的通风换气次数,所以通风分区长度不应过长。

(2)断面宽高比。

舱室的断面尺寸设计受到入廊管线的多种因素影响,包括管线的类型、尺寸、位置、间距以及安装、检修和维护的空间需求,舱室的断面布置也要灵活适应不同的入廊管线类型。为了研究断面宽高比对通风除湿效果的影响,对不同断面宽高比下的通风除湿效果进行模拟,结果如图 4-5 和图 4-6 所示。

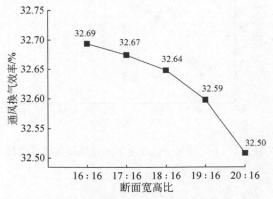

图 4-5　不同断面宽高比下的通风换气效率曲线

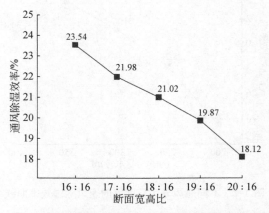

图 4-6　不同断面宽高比下的通风除湿效率曲线

随着断面宽高比的增大,通风换气和除湿的效率均呈下降趋势,实际换气时间加长,因此断面宽高比不宜过大。由于壁面效应,靠近壁面的流体会受到壁面的摩擦阻力,导致流速变小,舱室断面面积、周长会随着断面宽高比的增大而增大,壁面周围的空间也增大,截面平均速率下降,影响舱室内部湿空气的排出,使得实际换气时间加长,除湿效率下降。

2)进风温湿度

(1)进风相对湿度。

进风相对湿度水平直接影响着通风换气后综合管廊舱室内部的相对湿度水平,对不同进风相对湿度水平下的通风除湿效果进行模拟,结果如图 4-7 和图 4-8 所示。

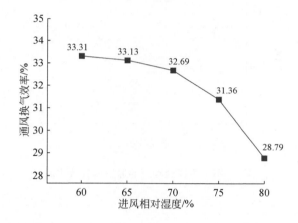

图 4-7　不同进风相对湿度下的通风换气效率曲线

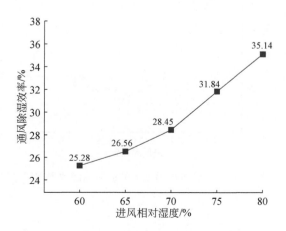

图 4-8　不同进风相对湿度下的通风除湿效率曲线

进风相对湿度越高,通风换气效率越低,通风除湿效率越高,二者均近似呈线性变化。进风相对湿度还会影响实际换气时间,进风相对湿度越低,实际换气时间越短,除湿效率就越高。

(2)进风温度。

送风机将外界空气送入舱室,使廊内空气得到更新,进风温度会极大地影响廊内除湿的效果,对不同进风温度下的通风除湿效果进行模拟,结果如图 4-9 和图 4-10所示。

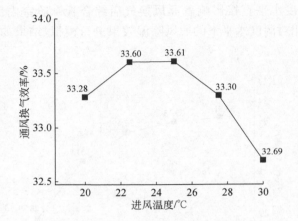

图 4-9　不同进风温度下的通风换气效率曲线

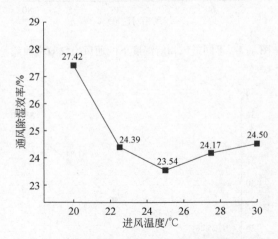

图 4-10　不同进风温度下的通风除湿效率曲线

　　进风温度与廊内温度原始值的大小关系会影响除湿效果,如果进风温度比廊内温度原始值低,那么通风换气效率和通风除湿效率会随着进风温度的升高而升高和降低;如果进风温度比廊内温度原始值高,那么通风换气效率和通风除湿效率的变化方向就会相反,但是通风除湿效率的提高并不明显。因此,为了获得较好的通风除湿效果,应该让进风温度尽量接近廊内温度原始值。

4.3　城市综合管廊辅助除湿手段

　　除单一通风除湿外,还有其他辅助除湿手段,一般而言,常用的辅助除湿手段可以分为物理辅助除湿、化学辅助除湿两种类型。

4.3.1　物理方式辅助除湿手段

　　物理辅助除湿有加热式和冷凝式两种,主要是通过对新风进行加热或冷凝,以降低新风的相对湿度,前面已经证明,新风相对湿度是影响通风除湿效果的关键因素,相对湿度降低,除湿效果提高。

　　1. 加热式辅助除湿

　　加热式辅助除湿主要是通过热泵对空气进行加热,加速水分蒸发,一般在进风亭中设置热泵,辅助进风系统进行除湿。图 4-11 为工业用加热式除湿机。

图 4-11　加热式除湿机

　　热泵对管廊进风进行加热,提升进风的除湿效果,但热机耗能较大,其工作原理是利用制冷剂的蒸发和液化过程实现热能的转移和升级,管廊通风风量较大,对管廊进风进行加热会耗费大量电能,而且辅助加热无法排出廊内多余水分,加热进风温度也会带来廊内过热问题。

2. 冷凝式辅助除湿

冷凝式辅助除湿方法是指利用冷冻循环,将空气中的水蒸气冷却至露点以下,使其凝结成液态水,然后排出,这种除湿方法被广泛应用于工业与商业领域。图4-12为工业用冷凝式除湿机。

图 4-12　冷凝式除湿机

与加热式辅助除湿相比,冷凝式辅助除湿的优势是能够直接将水分排出,减少新风的湿度,帮助进风系统除湿,而且不会导致廊内过热。但是,这种方法也有缺点,如需要安装排水管来处理新风中的水分,这对封闭的地下管廊来说是困难的,而且其除湿效果受环境温度的影响,当温度低于 5℃ 时,空气的露点温度也会下降,使得冷凝更难实现,除湿效果会大打折扣,甚至会造成结冰,影响除湿机的正常工作,因此不适合在冬季或低温地区使用。

4.3.2　化学方式辅助除湿手段

化学方式辅助除湿是指使用化学干燥剂进行吸湿处理,根据化学干燥剂的不同分为吸湿式、脱水式和吸附式三种。化学方式辅助除湿通常运用在管廊通风区间后段和管廊出风口处,由于新风在管廊内的除湿效果随着距离的增加而降低,管廊出风口处的湿度往往是最高的,这时单一通风方式就难以满足除湿的要求。因此,可以使用化学方式辅助除湿,通过化学物质来吸收空气中的水分,从而有效地降低出风口和管廊后部的湿度。

1. 吸湿式辅助除湿

吸湿式辅助除湿是一种利用化学物质的吸湿性能来去除空气中多余水分的方法。这种方法常用的化学物质有硫酸、氯化钙、氯化锂等,它们都能够与水分发生化学反应并形成溶液,具有很高的吸湿能力。当空气通过这些物质时,空气中的水分子会与物质发生化学反应,从而达到除湿的目的。图 4-13 为吸湿式辅助除湿化学物质。

图 4-13　吸湿式辅助除湿化学物质

这种方法的优点是除湿效率高,能够适应不同的温度和湿度条件。由于化学物质的吸湿能力不受温度和湿度的影响,可以在任何环境中有效地除湿,无论是高湿环境还是低湿环境,都可以达到理想的除湿效果,而且化学物质的吸湿能力很强,可以吸收空气中的大量水分,提高除湿效率。

这种方法的缺点是需要定期更换或再生化学物质,化学物质的吸湿能力有限,当空气中的水分超过一定的浓度时,它就无法继续吸湿,由于化学物质与水分发生化学反应会产生大量的溶液,这些溶液需要定期排放和回收,否则会造成环境的污染和资源的浪费。此外,有些化学物质有腐蚀性和毒性,如硫酸、氯化钙等,它们会对除湿设备和人体造成伤害,需要采取防护措施,保证安全和环保。

2. 脱水式辅助除湿

脱水式辅助除湿是一种利用化学物质的吸湿性能去除空气中多余水分的方法。这种方法常用的化学物质有硅胶、分子筛、活性炭等,它们都是具有很多微孔的材料,能够吸收空气中的水分并形成固体。当空气通过这些材料时,空气中的水分子会被吸收进入材料的微孔,从而达到除湿的目的。图 4-14 为脱水式辅助除湿化学物质。

这种方法的优点是除湿过程中无液体产生,不会造成环境污染;化学物质的再生也比较容易,只需要加热或降低压力,就可以使吸收在微孔中的水分子脱出,恢复化学物质的吸湿能力,而且化学物质的再生次数较多,可以重复使用多次。

这种方法的缺点是除湿效率低,对除湿环境中的温度和湿度要求较高。由于

图 4-14　脱水式辅助除湿化学物质

化学物质的吸湿能力受到温度和湿度的影响,当温度过高或湿度过低时,吸湿效果会降低,除湿效率也会下降;而且化学物质的寿命有限,当重复使用次数过多后,化学物质除湿效率会进一步降低,需要及时进行更换。

3. 吸附式辅助除湿

吸附式辅助除湿是一种利用化学物质的表面吸附性能去除空气中多余水分的方法。这种方法常用的化学物质有沸石、蒙脱土、膨润土等,它们都是天然或人工合成的多孔材料,具有很强的表面吸附能力。当空气通过这些材料时,空气中的水分子会被吸附在材料表面,从而达到除湿的目的。图 4-15 为吸附式辅助除湿化学物质。

图 4-15　吸附式辅助除湿化学物质

这种方法的优点是除湿过程中无液体产生,处理简单,不会对管廊内环境造成污染。化学物质的再生也比较简单,只需要加热或降低压力,就可以使吸附在表面的水分子脱离,恢复化学物质的吸附能力。而且相比脱水式化学物质,吸附式化学物质的寿命较长,不易失效,可以重复使用多次。

这种方法的缺点是除湿效率低,对除湿环境中的温度和湿度要求较高。由于化学物质的表面吸附能力受到温度和湿度的影响,当温度过高或湿度过低时,吸附效果会降低,除湿效率也会下降。而且化学物质的吸附容量有限,当空气中的水分超过一定的浓度时,它就无法继续吸附。此外,由于化学物质的吸附容量有限,除湿时需要较大的体积,这会增加除湿的占用空间和成本。

4.4　本 章 小 结

本章主要研究了管廊工程中的湿度问题及其解决方案。首先,分析了管廊内湿度的来源和高湿度对管廊的危害;其次,从通风系统的角度探讨了除湿通风的风量和方式,提出了评价通风除湿效果的技术指标,包括通风换气效率和通风除湿效率,并在此基础上,评价了不同的管廊舱室形状和进风温湿度对通风除湿效果的影响;最后,介绍了物理和化学两类辅助除湿的方法。具体结论如下:

(1)分析并归纳了城市综合管廊湿度的来源,主要包括围护结构散湿、敞开水表面散湿、人体散湿和外界新风带湿四个方面,分别总结了它们的散湿量计算公式;从主体结构、廊内管线、管线支架、电气设备和检修人员五个方面出发,阐述了湿度对管廊的危害。

(2)基于管廊内外的空气含湿量差,计算了管廊通风除湿所需风量;比较了三种不同通风方式在通风除湿上的不同,认为机械进风+自然排风或自然进风+机械排风是性价比更高的通风方式。

(3)从实际换气时间和技术性评价指标两个角度分析了综合舱通风除湿效果的影响因素,研究发现,通风分区长度增加提高了管廊内的断面风速,除湿效果变好;断面宽高比越大,壁面周围空间越大,降低了截面平均速率,除湿效果变差;进风温度与廊内温度的差值越小,除湿效果越好;进风相对湿度越高,通风换气效率越低,通风除湿效率越高,二者的关系均接近线性,而且进风相对湿度越低,实际换气时间越短,除湿效率越高。

(4)分析了物理方式和化学方式两种辅助除湿方法,物理方式辅助除湿有加热式和冷凝式两种方法,主要通过对新风进行加热或冷凝,降低新风的相对湿度来提高除湿效果;化学方式辅助除湿有吸湿式、脱水式和吸附式三种方法,主要通过化学物质来吸收空气中的水分,通常运用在管廊通风区间后段和出风口处。

第 5 章　城市综合管廊防灾技术研究

随着社会的发展,城市建筑的综合化程度得到了很大提高,综合管廊项目成为现代化城市基础设施建设体系必不可少的重要组成部分,管廊内防灾问题也愈发重要。本章从综合管廊火灾计算及人员疏散理论入手,展开对电缆舱室无交叉段和垂直十字交叉段火灾特性的研究,并依据对电缆舱室无交叉段人员疏散的研究提出相应的人员疏散模式。

5.1　城市综合管廊火灾计算及人员疏散理论

本节主要介绍综合管廊火灾计算理论和人员疏散理论知识,基于 FDS 数值模拟软件,分析火灾基本控制方程,设置火灾模拟参数和模型简化方法等。

5.1.1　城市综合管廊通风方式

依据《城市综合管廊工程技术规范》(GB 50838—2015),综合管廊的各个舱室应具有独立的通风系统,且每个舱室内应不大于 200m 设置防火分区。综合管廊(非燃气舱)采用的通风方式大致有两种:①两侧进排风,如图 5-1(a)所示,包括自然进风＋自然排风、自然进风＋机械排风和机械进风＋机械排风三种方式;②中间进风两侧排风,如图 5-1(b)所示,常用的方式为中间自然进风＋两侧机械排风。下面主要介绍自然进风＋机械排风方式的防灾技术研究。

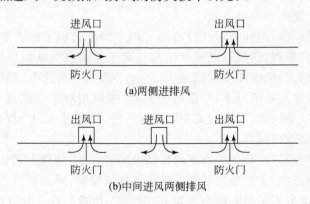

图 5-1　综合管廊通风方式

5.1.2　火灾模拟计算理论

本章火灾数值模拟采用火灾动力学模拟(fire dynamics simulator,FDS)软件,该软件由美国国家标准技术局开发,是计算流体力学(computational fluid dynamics, CFD)的一种模型,用于模拟火的能量驱动流体流动。本节主要介绍计算过程中遵循的基本控制方程及相应的参数设置。

1. 火灾的基本控制方程

1)连续性方程(质量守恒方程)

$$\frac{\partial \rho}{\partial t} + \frac{\partial (\rho v_i)}{\partial x_j} = 0 \tag{5-1}$$

2)动量守恒方程

$$\frac{\partial (\rho v_i)}{\partial t} + \frac{\partial (\rho v_j v_i)}{\partial x_j} = \frac{\partial}{\partial x_j}\left(\mu \frac{\partial v_i}{\partial x_j}\right) + s_{v_i} \tag{5-2}$$

3)能量守恒方程

$$\frac{\partial (\rho h)}{\partial t} + \frac{\partial (\rho v_j h)}{\partial x_j} = \frac{\partial}{\partial x_j}\left(\Gamma_h \frac{\partial h}{\partial x_j}\right) + s_h \tag{5-3}$$

4)组分方程

$$\frac{\partial (\rho m_i)}{\partial t} + \frac{\partial (\rho v_j m_i)}{\partial x_j} = \frac{\partial}{\partial x_j}\left(\Gamma_{m_i} \frac{\partial m_i}{\partial x_j}\right) + s_{m_i} \tag{5-4}$$

5)湍流动能方程

$$\frac{\partial (\rho K)}{\partial t} + \frac{\partial (\rho v_j K)}{\partial x_j} = \frac{\partial}{\partial x_j}\left(\frac{\mu_i}{\sigma_K}\frac{\partial K_i}{\partial x_j}\right) + \mu_i \left(\frac{\partial v_i}{\partial x_j} + \frac{\partial v_j}{\partial x_i}\right)\left(\frac{\partial v_i}{\partial x_j}\right) + \beta g_i \frac{\mu_i}{\sigma_i}\frac{\partial T}{\partial x} - \rho \varepsilon \tag{5-5}$$

6)湍流动能耗散率方程

$$\frac{\partial (\rho \varepsilon)}{\partial t} + \frac{\partial (\rho v_j \varepsilon)}{\partial x_j} = \frac{\partial}{\partial x_j}\left(\frac{\mu_i}{\sigma_\varepsilon}\frac{\partial \varepsilon}{\partial x_j}\right) + \frac{\varepsilon^2}{K}\left(C_{\varepsilon_1}\frac{P_k}{\varepsilon} - C_{\varepsilon_2}\right) \tag{5-6}$$

式中,ρ 为密度,kg/m³;v 为速度,m/s;s 为源项;Γ 为广义扩散系数;m 为组分的质量分数;β 为体积膨胀系数;T 为温度,K。

2. 火灾模拟参数设置

FDS 软件中有两种燃烧模型,分别为混合分数燃烧模型和有限反应率燃烧模型,这两种燃烧模型分别采用大涡模拟(large eddy simulation,LES)和直接数值模拟(direct numerical simulation,DNS)两种模拟方法,这里选取的燃烧模型为基于混合分数的大涡模拟。燃烧物设置为混合分数(mixture fraction)燃烧模式。

5.1.3　人员疏散的安全准则及相关公式

1. 疏散准则

火灾的发展过程通常可以分为五个阶段:起火阶段、火灾增长阶段、火灾充分发展阶段、火灾减弱阶段和火灾熄灭阶段,其中前两个阶段对于人员疏散至关重要。一般来说,人员疏散要经历以下四个阶段:觉察到火灾阶段、行动准备阶段、疏散阶段、疏散到安全场阶段。目前,国际上常采用可用安全疏散时间(avaiable safe egress time,ASET)和必需安全疏散时间(required safety egress time,RSET)的大小对比来作为疏散是否安全的计算准则。

可用安全疏散时间主要取决于外部因素,如构筑物的材料和抗火稳定性、火灾探测器或报警器的反应时间等因素,与火灾的蔓延速度、烟气的流动速度、CO 体积浓度、温度变化情况相关。必需安全疏散时间是指从火灾起火时间点到人员疏散至安全区域时间点所用的时间,包括火灾探测时间(t_a)、预动作时间(t_p)和人员疏散时间(t_m),其中,预动作时间又包括认识时间(t_{reg})和反应时间(t_{resp})。可用安全疏散时间主要是由灾害演化过程决定的,而必需安全疏散时间与人员行为及人群特征有关,可由式(5-7)计算。

$$RSET = t_a + t_p + t_m \tag{5-7}$$

火灾下人员安全判断示意图如图 5-2 所示。保证疏散人员安全疏散的判断准则是必需安全疏散时间必须小于可用安全疏散时间,即

$$RSET < ASET \tag{5-8}$$

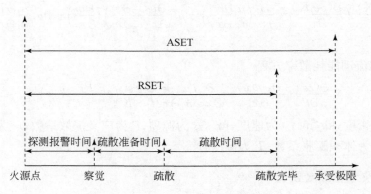

图 5-2　火灾下人员安全判断示意图

2. 人员危险临界状态条件

这里的危险状态指电缆室火灾发展成对检修人员生命构成严重威胁的状态，火灾危险临界状态的判断因素通常为烟气温度、CO 体积浓度和能见度。

1）烟气温度

依据相关学者研究，当环境温度达到 47℃时，人体会感觉到灼烧感；当环境温度升高至 60℃时，人体皮肤组织会产生不可逆的损伤；当环境温度进一步升至 65℃时，人体开始呼吸困难；当环境温度为 100℃时，人体只能忍受几分钟。《火灾风险评估方法学》一书指出：评估人体对烟气温度的耐受极限时，可在人眼高度处（一般取 1.8m）判别人体对温度的耐受极限。当烟气层高于人眼高度，烟气温度高于 150℃时，烟气温度对人体的辐射会对人员造成严重伤害；当烟气层下降至人眼高度时，烟气温度对人体的危害是直接烧伤，该温度的临界值为 60～100℃。

2）CO 体积浓度

通常情况下，综合管廊电缆舱室火灾产生的有毒气体的主要成分为 CO，人体吸入很小剂量的 CO 就会产生中毒现象，当吸入一定量 CO 时就会死亡。表 5-1 列出了 CO 体积浓度对人体的影响情况。

表 5-1　CO 体积浓度对人体的影响情况

CO 体积浓度/%	暴露时间/min	累计计量/(%×min)	人员症状
0.02	120～180	2.4	前额痛
0.08	45	3.6	眼花、痉挛，2～3h 内死亡
0.32	10～15	3.2～4.8	头痛、恶心，25～30min 内死亡
0.69	1～2	0.69～1.38	头痛、恶心，10～15min 内死亡
1.28	0.1	0.128	1min 内死亡

3）能见度

电缆燃烧产生的烟气会对人员逃生及救援工作产生严重的影响。表 5-2 列出了建筑物安全能见度判断标准。

表 5-2　建筑物安全能见度判断标准

参数	大空间	小空间
光密度/m	0.02	0.08
能见度/m	5	10

综上所述，通过对小空间建筑火灾的危险条件判断因素的分析，确定了以下安全疏散的判断条件：

(1)人眼高度处(1.8m),烟气温度不超过 60℃;

(2)人眼高度处(1.8m),CO 体积浓度不超过 0.03%;

(3)人眼高度处(1.8m),能见度不低于 10m。

若同时满足以上三个条件,则说明人员处于安全状态,可以进行安全疏散。

5.1.4　人员疏散的仿真模拟

1. Pathfinder 软件介绍

Pathfinder 是由美国 Thunderhead Engineering 公司开发的一款以人员进出和运动为研究对象的智能仿真模拟器,采用 Agent-base 连续性模型。Pathfinder软件可提供 2D、3D 和导航视图三种建模图形,建模直观、简洁。在 Pathfinder 建模时,可对人员参数进行定义,同时可以用不同颜色对不同人员类型进行区分。

Pathfinder 选取 A* 搜索算法及三角形导航网格进行最优路径的选择,最终路线由三角形最边的节点串联而成。在非动态路线求解中,A* 搜索算法应该称得上是最有效的算法,其计算公式为

$$f(n)=g(n)+h(n) \tag{5-9}$$

式中,$f(n)$ 为节点 n 在整条规划路线的得分值;$g(n)$ 为从开始位置到节点 n 的得分值;$h(n)$ 为节点 n 到终点位置的得分值。

Pathfinder 软件具有 SFPE 和 Steering 两种人员运动模式,SFPE 模式是基于《消防工程手册》和《消防工程指南》提出的,是以出口处人员流量为基础的人员运动模式,疏散时人员不会相互影响,会根据每条路径的人流量大小自动选择路径,从而达到最优路径选择的目的;Steering 模式是计算机制、路径指导、人体接触和碰撞处理等技术相互结合而成的模式,疏散人员通常会选择离自己最近的出口疏散。若疏散人员距离与规划的路径超过某一范围,则软件会重新生成新的疏散路径,从而使疏散人员获得最优疏散路径。

2. Pathfinder 疏散仿真基础参数

疏散人员基础参数主要有臂展、身高、疏散速度等,同时,在综合管廊电缆舱室火灾中,需要考虑到电缆燃烧产生的 CO 对疏散人员的影响、烟气导致的能见度降低等实际情况,也可对人员的行为进行手动设置,可手动添加人员行为、门行为,指定人员先到达某地,利用等待来模拟人员打开防火门或逃生口的时间等。

3. 人员疏散的影响因素

综合管廊电缆舱室火灾人员疏散过程可分为两部分来考虑,第一部分是当某

一位置处电缆发生火灾后,维修人员暂未发现火情,火灾进一步发展,火灾探测器探测到火灾并发出火灾报警信号;第二部分是维修人员听到报警信号或看到报警信号发出的灯光信号后开始向安全出口疏散,直至全部人员从起火舱室疏散至安全舱室或地面。整个人员疏散的时间即为第一部分的时间加上第二部分的时间。

实际上,当维修人员听到或看到信号后都会有一定的反应时间,需要有个初步的判断,考虑该向哪个方向疏散等,该反应时间一般较短,对大部分人来说可能只需要 2～3s。当舱室内维修人员较多时,有的人员反应较快,会迅速地向安全出口疏散,由于从众心理,其他人员会跟着一起疏散,所以通常情况下反应时间都很短,不必计入考量。

5.2　城市综合管廊火灾特性研究

本节通过建立电缆舱室在无交叉段和垂直十字交叉段单个防火风区的全比例数值模型,对电缆舱室进行火灾特性研究。

5.2.1　无交叉段火灾特性研究

本节通过建立电缆舱室无交叉段单个防火分区全比例数值模型,得到不同纵向风速下的烟气逆流长度及相应临界风速,并且得出电缆舱室无交叉段单个防火分区的人员可用安全疏散时间曲线。

1. 电缆舱室断面尺寸的确定

图 5-3 为国内常见的城市综合管廊电缆舱室横截面形式。本章的电缆舱室所敷设的电缆参考《电力工程电缆设计标准》(GB 50217—2018)和《城市综合管廊工程技术规范》(GB 50838—2015),并结合国内外学者对电缆舱室火灾的研究情况,在电缆舱室两侧安装宽度为 0.85m 的电缆桥架,电缆桥架上敷设 220kV 电缆,每侧 5 组,最下层电缆底部距舱室底部 0.7m,电缆桥架上下两层的间距为 0.5m,两侧电缆中间的通道为检修通道,考虑到人员疏散的需求,通道宽度选取两人能同时并排通过的尺寸,取值为 1.3m。选取一个防火分区作为研究对象,防火分区的长度根据规范取值为 200m。

2. 数值模拟模型的建立

1) 网格的定义

FDS 数值模拟过程中,网格尺寸的大小对模拟的精确程度至关重要,网格划分越精密、数量越多,模拟越精确,但网格数量增多会增加计算求解时间。《FDS 指导

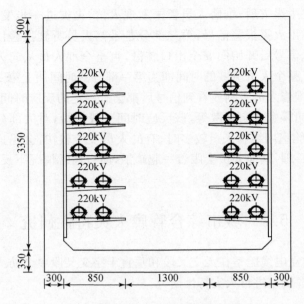

图 5-3　城市综合管廊电缆舱室横截面(单位:mm)

手册》对网格的尺寸有着明确的建议,一般通过网格敏感性计算公式(式(5-10))来确定。研究表明,当网格尺寸取火源直径的 1/16～1/4 时,模拟结果较为精确。

$$D^* = \left(\frac{Q}{\rho_\infty C_\infty T_\infty \sqrt{g}}\right)^{2/5} \tag{5-10}$$

式中,D^* 为火源直径,m;Q 为火灾热释放速率,kW;ρ_∞ 为空气密度,kg/m³,一般取 1.2kg/m³;C_∞ 为空气比热容,kJ/(kg·K),一般取 1kJ/(kg·K);T_∞ 为环境温度,K,一般取 293K;g 为重力加速度,m/s²,一般取 9.8m/s²。

依据相关综合管廊电缆护套的研究,取 $Q=1800$kW,由式(5-10)可得网格尺寸应在 0.135～0624m,因此选取网格尺寸为 0.2m×0.2m×0.2m,为提高计算精度,在火源区段左右各 10m 处采用网格加密措施,将网格尺寸设置为 0.1m×0.1m×0.1m。

2)火灾热释放速率增长方式的确定

火源初期发展阶段是控制火灾增长的关键阶段,也是消防系统、探测系统和监控系统发挥作用的阶段,因此确定火灾热释放速率的增长方式具有重大意义。

国内外燃烧学中普遍采用的火灾模型有稳态火灾与非稳态火灾。燃烧过程中火灾热释放速率为常数的火灾为稳态火灾,火的燃烧从本质上来说是非稳态的过程,稳态的火灾只能作为理想的火灾模型,与实际燃烧并不完全相符。非稳态火灾是指火灾热释放速率随时间增长不断变化的火灾。工程燃烧学中使用最多的非稳

态火灾模型是 t^2 火灾模型,其中火灾热释放速率与燃烧时间的平方成正比。一般来说,火灾前期要经历缓慢和不均匀增长的引燃阶段,达到一定时间才会开始稳定燃烧。对中庭可不考虑潜伏期的影响,用下述方程表示 t^2 型火灾热释放速率与增长时间的关系:

$$Q = \alpha t^2 \tag{5-11}$$

式中,Q 为火灾热释放速率,kW;α 为火灾增长系数,kW/s^2;t 为燃烧增长时间,s。

按热释放速率增长的速度,通常将 t^2 型火灾分为四类:超快速、快速、中速和慢速,四种增长类型分别对应不同的火灾增长系数,如表 5-3 所示。根据工程燃烧学,PVC 等塑料、泡沫材质的燃烧属于快速火灾。因此,电缆护套材料火灾增长速度为快速,计算可得达到最大热释放速率所需时间为 190s。这里将火源设置在防火分区中部,沿 x 轴前进方向的右侧电缆底部,火源面积为 $1m \times 1m$。

表 5-3　火灾增长系数

t^2型火灾类型	增长系数/(kW/s^2)	增长时间/s
超快速	0.18780	75
快速	0.04689	190
中速	0.01127	300
慢速	0.00293	600

3) 电缆模型的设置

电缆材质由里到外主要由金属导体、护套层和绝缘层组成,金属导体主要以铜为主,护套材料多为聚氯乙烯,绝缘材料多为聚乙烯,绝缘材料和护套材料特性参数如表 5-4 所示。

表 5-4　电缆材料特性参数

材料	密度/(kg/m^3)	比热容/[$J/(kg \cdot K)$]	电导率/(S/m)
聚乙烯	910	2.218	0.35
聚氯乙烯	1380	1.289	0.95

相比电缆的绝缘材料和护套材料,金属导体在燃烧过程中对热释放的贡献最小,约占 10%。同时,电缆由金属桥架支撑于管廊内部,不易燃烧,且金属桥架的体积比电缆要小得多,对管廊内部风速的影响较小,因此为简化分析过程,在模拟中忽略电缆桥架和电缆金属导体,仅考虑电缆护套材料和绝缘材料的燃烧。在 FDS 建模中将其简化为等厚薄板进行火灾研究,如图 5-4 所示。

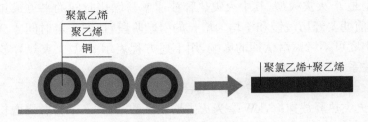

图 5-4　电缆模型简化

4）监测点、面的布置

为了更为直观地分析电缆舱室无交叉段火灾发展阶段烟气蔓延情况、能见度、CO 和 CO_2 体积浓度以及火灾温度场,在电缆舱室横截面中心对称轴 $y=0m$ 上布置温度切片和 CO 体积浓度切片,如图 5-5(a)所示;在 $x=0.3m$ 横截面上的坐标点$(0.3,1.8,0.3)$、$(0.3,1.3,1)$、$(0.3,1.8,1.8)$和$(0.3,1.8,2.5)$处布置温度、CO 探测装置,沿着管廊纵向,每隔 3m 布置一道,如图 5-5(b)所示。

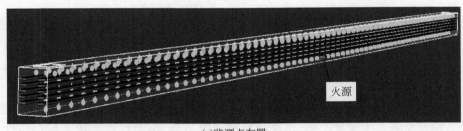

(a)监测点布置

(b)监测面布置

图 5-5　监测点、面布置(无交叉段)

3. 不同通风风速下的模拟结果分析

1）模拟工况的设定

《城市综合管廊工程技术规范》(GB 50838—2015)对通风量的规定为:电缆舱

室正常通风换气次数不应小于 2 次/h,事故通风换气次数不应小于 6 次/h。根据此规定,结合综合管廊的断面尺寸和通风口尺寸,电缆舱室的纵向通风风速选取 1.5m/s 和 2m/s,两种模拟工况具体参数如表 5-5 所示。

表 5-5　模拟工况

火源功率/kW	工况	进风口	排风风速/(m/s)	纵向通风风速/(m/s)
1800	1	自然边界	3	1.5
	2	自然边界	5	2

2) 工况 1 数值模拟结果分析

(1) 烟气蔓延、能见度情况。

工况 1 为自然进风+机械排风,纵向通风风速为 1.5m/s。当综合管廊电缆舱室无交叉段发生火灾时,通过分析烟气的蔓延情况,可以直观地看出烟气的运动规律,判断纵向风速对烟气蔓延的影响,同时,可以通过电缆舱室纵截面能见度切片与烟气蔓延相结合来分析火灾发展过程中的能见度情况。

图 5-6 为工况 1 烟气蔓延情况和能见度云图。为方便描述,这里根据空气流动方向,在电缆舱室的一个防火分区内,根据火源位置将进风方向定义为电缆舱室上游,出风方向定义为电缆舱室下游。电缆的燃烧通常分为四个阶段,即火灾阴燃阶段、火灾发展阶段、火灾充分燃烧阶段和火灾衰减熄灭阶段。

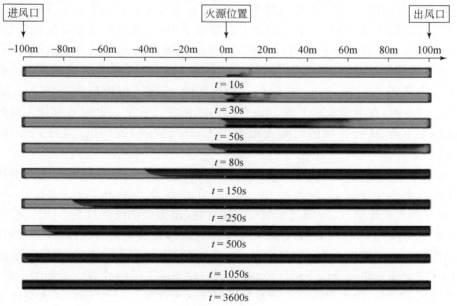

(a)烟气蔓延情况

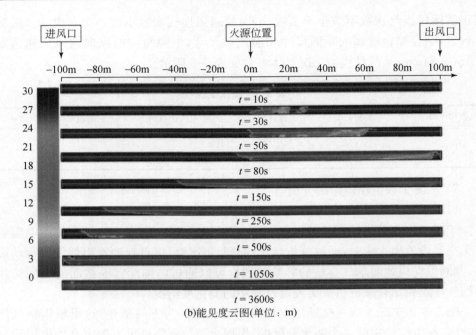

(b)能见度云图(单位：m)

图 5-6　工况 1 烟气蔓延情况和能见度云图

　　从图 5-6(a)可以看出，在火灾阴燃阶段，即 $t=10s$ 时，电缆受热发生热解反应，生成少量的烟气，烟气的蔓延速率较低，在垂直方向上尚未蔓延至顶棚，由于受到水平方向的风速影响，水平方向朝下游蔓延了 10m，此时的能见度情况良好，电缆舱室在纵向方向人员视野可以通透，舱室内检修人员疏散不会受到烟气影响；$t=30s$ 时，烟气已经朝下游蔓延了 20m，在上游方向由于受到纵向通风风速的影响没有发生蔓延。在 10～30s 内，烟气已到达顶棚，充满了电缆舱室下游 20m 的区段。$t=30s$ 时，在电缆舱室下游 20m 范围内能见度几乎为 0，此时若维修人员处于电缆舱室下游，还有充裕的时间疏散至出风口处逃生口或邻近下游的下一防火分区。

　　$t=50s$ 时，烟气进一步蔓延至下游 60m 位置处，在上游方向依旧受到通风风速影响没有发生蔓延，此时下游 0～40m 内的能见度几乎为 0，在下游 40～60m 内，由于烟气流比空气轻，烟气集中在顶棚位置，顶棚处的能见度为 0，电缆舱室中下部的能见度在 10～18m 内，此时处于下游的维修人员应立即疏散至出风口处逃生口或邻近下游的下一防火分区。$t=80s$ 时，烟气蔓延至下游出风口位置，此时烟气几乎完全填充防火分区下游区段，在出风口位置由于受到外界气流影响，烟气发生涡流现象，同时防火分区上游开始发生烟气回流现象。$t=80s$ 时，防火分区下游能见度几乎为 0，此时处于下游的维修人员将会有生命危险。

$t=80\sim500\mathrm{s}$ 时,烟气完全填充防火分区下游区段,由于电缆火灾的蔓延,烟气也开始在上游区段蔓延。$t=150\mathrm{s}$ 时,烟气在上游区段蔓延了 40m,此时被烟气填充的 40m 的能见度几乎为 0;$t=250\mathrm{s}$ 时,随着火灾进一步蔓延,烟气已经到达距离进风口 25m 的位置;$t=500\mathrm{s}$ 时,烟气到达距离进风口 10m 位置,此时处于防火分区上游的维修人员将会有生命危险。

$t=1050\sim3600\mathrm{s}$ 时,烟气刚好蔓延至进风口位置,此后的时间内,整个防火分区都已被烟雾填充满,整个防火分区的能见度都为 0。

（2）温度变化情况。

取纵截面及距火源 30m 和 60m 截面作为分析对象,研究管廊纵截面和横截面上的温度变化规律,横截面上温度测点的坐标* 为 $(\pm30,1)$、$(\pm30,1.8)$、$(\pm30,2.5)$、$(\pm30,3.5)$、$(\pm60,1)$、$(\pm60,1.8)$、$(\pm60,2.5)$ 和 $(\pm60,3.5)$。

图 5-7 为人眼高度处不同时刻温度纵向分布。从图中可以看出,自然进风＋机械排风的通风工况下,管廊内中部起火,由于管廊内部纵向风带动了高温烟气向下游流动,同一时刻,相对位置处下游温度明显高于上游。温度在起火阶段发展较快,100s 时,火源位置温度已经达到 300℃,但此时火灾只在竖向蔓延,横向蔓延很少,在火源位置左右 20m 处温度还处于 50℃ 以下;100～400s 处于火灾发展阶段,所以火源位置处的温度由 300℃ 飙升至 580℃,同时火灾在横向已经开始蔓延,火源下游 20m 处的温度为 130℃,比 100s 时升高了 80℃。

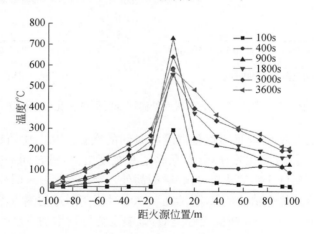

图 5-7　人眼高度处不同时刻温度纵向分布（工况 1）

900s 时,火源处的温度达到了最大值,接近 750℃,此时火源附近的电缆处于

---

* 省略单位,余同。

充分燃烧阶段。900s 后,火源处的温度开始下降,最终保持在 600℃左右,上下游同一位置处的温度都一直保持增长状态,说明火源两侧的电缆处于火灾发展阶段。在整个模拟时间内,上游通风口位置处的温度变化幅度很小,保持在0~40℃,说明该位置处的电缆由于纵向风的影响没有燃烧,对比图 5-6 可知,只是烟气蔓延到了该位置。

图 5-8 为距火源 30m 横截面处温度随时间的变化。从图中可以看出,电缆舱室下游 30m 位置的温度明显高于上游 30m 位置,上游位置处的温度变化比较凌乱,时起时伏,但总体趋势趋于升高,在 2000s 时达到最高温度 230℃。下游温度变化比上游有规律,每个测点的温度随时间的增加幅度基本相同,且在同一时刻,沿着电缆舱室竖向,高位置处的温度要高于低位置处的温度,在 3600s 时达到最高温度 650℃,根据线条的走势,此温度还会进一步增加,这是由于在数值模拟时间内,远离火源位置上游的电缆没有燃烧完,纵向风速会将上游的温度带到下游。

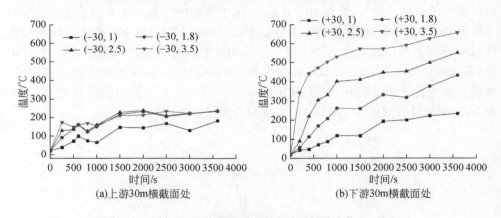

(a)上游30m横截面处　　　　(b)下游30m横截面处

图 5-8　距火源 30m 横截面处温度随时间的变化(工况 1)

图 5-9 为距火源 60m 横截面处温度随时间的变化。从图中可以看出,与距火源 30m 横截面处温度变化规律相似,只是上升幅度更大,且在同一时刻,横截面同一测点处的温度要低于距离火源 30m 横截面处。上游在 2000s 时位于顶棚附近的两个测点温度达到最大值 155℃,下游在 3600s 时顶棚附近的测点温度达到了最大值 420℃,与距离火源 30m 横截面处类似,该温度会持续增加直至燃烧完成。

(3)CO 体积浓度变化情况。

为了研究 CO 体积浓度在管廊纵截面和横截面上的变化规律,取纵截面及距火源 30m 和 60m 横截面作为分析对象,横截面上 CO 测点的坐标为(±30,1)、(±30,1.8)、(±30,2.5)、(±30,3.5)、(±60,1)、(±60,1.8)、(±60,2.5)和(±60,3.5)。

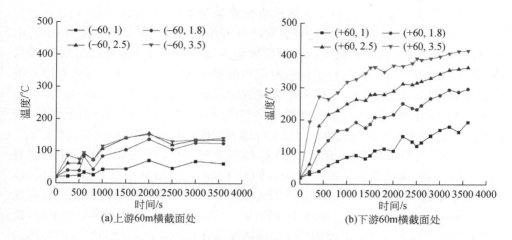

(a)上游60m横截面处　　　　　　　(b)下游60m横截面处

图 5-9　距火源 60m 横截面处温度随时间的变化(工况 1)

图 5-10 为人眼高度处不同时刻 CO 体积浓度纵向分布。从图中可以看出,在前 100s,整个电缆舱室纵向人眼高度处 CO 体积浓度呈现出对称分布的趋势,且浓度较低,最高浓度发生在火源位置,其值为 0.05%。火源位置左右各接近 20m 处 CO 体积浓度已经降为 0,因为在火灾的初始阶段,只是火源位置的电缆在燃烧,由于时间较短,纵向风尚未将 CO 带到下游更远位置。在 100~400s,CO 体积浓度剧烈增长,在 400s 时,火源位置附近火灾发展到了剧烈燃烧阶段,火源位置处的 CO 体积浓度达到 0.155%,比 100s 时增长了 2 倍多。在 400~900s,由于火灾的蔓延,上、下游的电缆已经开始燃烧,同时由于纵向风尚未将上游燃烧产生的 CO

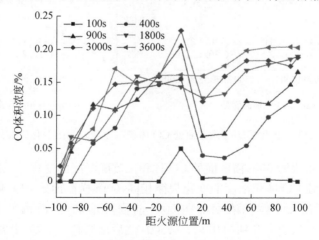

图 5-10　人眼高度处不同时刻 CO 体积浓度纵向分布(工况 1)

带到下游,上游-90~0m段CO体积浓度要高于下游20~80m段。在1800~3600s,火源向出风口方向蔓延趋势加重,CO开始向下游出风口位置聚集,上游由于纵向风的作用,CO体积浓度从火源位置到进风口方向逐渐递减。在3000s时,CO体积浓度在火源位置达到了模拟时间内的最大值0.23%。随后,火源位置电缆已接近耗尽,该位置处CO体积浓度随着时间的增加而减小,在3600s时,火源位置的CO体积浓度为0.16%,该值远小于出风口位置的0.22%。由此可见,排风机的运行降低了上游和火源位置的CO体积浓度,使得CO集中在出风口位置。

图5-11为距火源30m横截面处CO体积浓度随时间的变化。从图中可以看出,2000s之前,电缆舱室下游30m位置的CO体积浓度明显小于上游30m位置,这是由于下游生成的CO再次燃烧生成CO_2。上游的CO体积浓度变化比较有规律,在前500s剧烈增加,由0急速上升到约0.08%,在500s之后逐渐趋于平稳,最高值保持在0.2%以下。下游的CO体积浓度变化比较凌乱,时起时伏,但总体趋势趋于升高,在3000s时达到最高浓度0.21%。下游(+30,1)、(+30,1.8)和(+30,2.5)测点上的CO体积浓度随时间增加的幅度一样,且在同一时刻,沿着电缆舱室竖向,高位置处的CO体积浓度要高于低位置处。(±30,3.5)测点的浓度值在整个模拟时间内总是高于其他三个测点,这是由于CO密度要低于空气,CO集中于管廊顶部。

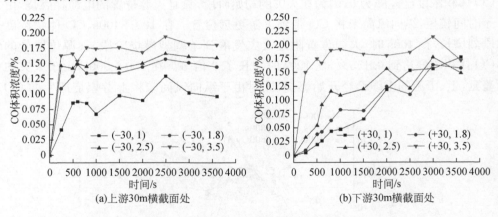

图5-11　距火源30m横截面处CO体积浓度随时间的变化(工况1)

图5-12为距火源60m横截面处CO体积浓度随时间的变化。从图中可以看出,与30m横截面处CO体积浓度的变化规律相同,60m横截面处CO体积浓度变化较有规律。上、下游CO体积浓度都在500s前剧烈增加,上游由0急速上升到约0.16%,下游由0急速上升到约0.175%;500s之后逐渐趋于平稳,上游最高值保持在0.16%以下,下游在3600s达到最高值0.215%。下游(+60,1)、(+60,1.8)和(+60,

2.5)测点的 CO 体积浓度随时间增加的幅度一样,且在同一时刻,沿着电缆舱室竖向,高位置处的 CO 体积浓度要高于低位置处。(±60,3.5)测点的浓度值在整个模拟时间内总是高于其他三个测点,这同样是由于 CO 密度要低于空气。

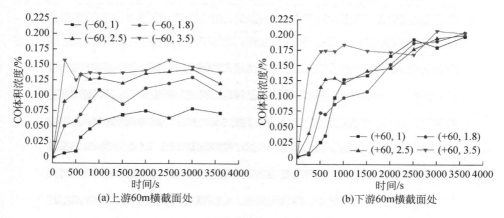

(a)上游60m横截面处　　　　　　(b)下游60m横截面处

图 5-12　距火源 60m 横截面处 CO 体积浓度随时间的变化(工况 1)

3) 工况 2 数值模拟结果分析

(1)烟气蔓延、能见度情况。

图 5-13 为工况 2 烟气蔓延情况和能见度云图。从图 5-13(a)可以看出,在火灾阴燃阶段,即 $t=10s$ 前,电缆受热发生热解反应,生成少量的烟气,烟气的蔓延速度较低,在垂直方向上刚蔓延至顶棚,由于受到水平方向的风速影响,水平方向朝下游开始蔓延,相比工况 1,由于纵向通风风速增大,烟气在下游的蔓延速度明显加快,此时能见度情况良好,电缆舱室在纵向方向人员视野可以通透,舱室内检修人员疏散不会受到烟气影响。$t=30s$ 时,烟气已经朝下游蔓延了 20m,在上游方向由于受到纵向通风风速的影响没有发生蔓延。在 $t=30s$ 时,烟气已到达顶棚,但由于纵向通风风速增大,烟气的湍流现象加重,虽然烟气前锋蔓延到了下游 20m,但只有在火源位置和距火源位置 20m 处烟气到达顶棚,其余位置处烟气只在电缆舱室中下部蔓延。$t=30s$ 时,在电缆舱室下游 20m 范围内能见度良好,此时若维修人员处于电缆舱室下游,还有充裕的时间疏散至出风口处逃生口或邻近下游的下一防火分区。

$t=50s$ 时,烟气进一步蔓延至下游 80m 位置处,在上游方向依旧受到通风风速影响没有发生蔓延,此时下游 0~60m 内的能见度几乎为 0,在下游 60~80m 内,由于烟气流比空气轻,烟气集中在顶棚位置,顶棚处的能见度为 0,电缆舱室中下部的能见度在 12~21m 内,此时处于下游的维修人员应立即疏散至出风口处逃生口或邻近下游的下一防火分区。$t=80s$ 时,烟气蔓延至下游出风口位置,此时烟

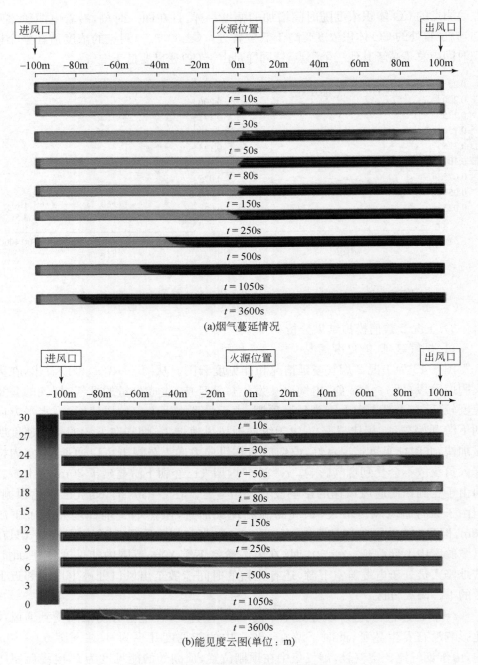

(a)烟气蔓延情况

(b)能见度云图(单位：m)

图 5-13　工况 2 烟气蔓延情况和能见度云图

气几乎完全填充防火分区下游区段,在出风口位置由于受到外界气流影响,烟气发生涡流现象,同时由于受到纵向风速的影响,防火分区上游依旧没有发生烟气回流。$t=80s$ 时,防火分区下游能见度几乎为 0,此时处于下游的维修人员将会有生命危险。$t=150s$ 时,烟气在上游开始发生回流现象,此时烟气以层状形态回流,烟气前锋在顶棚位置蔓延了 3m 左右。

在 $t=250\sim3600s$,烟气填充满防火分区下游区段,由于电缆火灾的蔓延,烟气也开始在上游区段蔓延。$t=500s$ 时,烟气在上游区段蔓延了 40m,此时被烟气填充的 40m 的能见度几乎为 0;$t=1050s$ 时,随着火灾进一步蔓延,烟气已经到达上游距火源 50m 的位置。$t=3600s$ 前,烟气在上游距火源 80m 的位置左右摇摆,最终稳定在距火源 80m 位置处,这是由于纵向风速的作用,烟气无法到达进风口位置。

(2)温度变化情况。

为了研究管廊纵截面和横截面上的温度变化规律,取纵截面及距火源 30m 和 60m 横截面作为分析对象,横截面上温度测点的坐标为(±30,1)、(±30,1.8)、(±30,2.5)、(±30,3.5)、(±60,1)、(±60,1.8)、(±60,2.5)和(±60,3.5)。

图 5-14 为人眼高度处不同时刻温度纵向分布。从图中可以看出,自然进风＋机械排风的通风工况下,当纵向通风风速由 1.5m/s 增加到 2m/s 后,最高温度由火源位置处转移到下游距火源约 20m 位置处,这是由于纵向通风风速的增大使得火灾向下游蔓延的势头更猛,最高温度发生在模拟结束时间 3600s,约为 700℃。由于管廊内部纵向风带动了高温烟气向下游流动,同一时刻,相对位置处下游温度明显大于上游。与通风风速 1.5m/s 相同,温度在起火阶段发展较快,前 100s 时,火源处温度要高于其他位置处,100s 时火源位置温度已经达到 100℃,但此时火灾只在竖向蔓延,横向蔓延很少,距火源下游 20m 处温度还处于 50℃左右,上游 20m

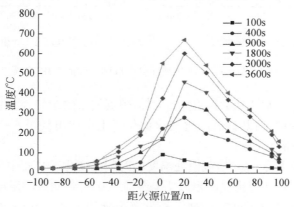

图 5-14　人眼高度处不同时刻温度纵向分布(工况 2)

位置处还处于常温状态；100～400s处于火灾发展阶段，所以火源位置处的温度由100℃飙升至280℃，但比起1.5m/s的通风风速，400s时最高温度下降了将近300℃，这是由于风速的增加抑制了火势的发展。同时火灾在横向已经开始蔓延，最高温度发生在距火源下游20m位置处。

在模拟的时间内，火灾的最高温度随着模拟时间的增加一直增大，但增加的趋势逐渐减缓，3600s时达到最高温度700℃，比起1.5m/s的通风风速，最高温度下降了约50℃。上、下游同一位置处的温度都一直保持增长状态，说明火源两侧的电缆处于火灾发展阶段。在整个模拟时间内，距上游通风口位置20m处的温度几乎没有发生变化，保持在常温20℃左右，说明该位置处的电缆由于纵向风的影响没有发生燃烧，从图5-13可以看出，烟气也没有蔓延到该位置。

图5-15为距火源30m横截面处温度随时间的变化。从图中可以看出，电缆舱室下游30m位置的温度明显高于上游30m位置，上游位置处在3600s时达到最高温度180℃。上游(-30,1)测点不同时刻的温度明显低于其他测点，这是由于烟气以层状的形态回流，顶棚位置的烟气前锋要快于底部。下游温度变化比上游有规律，每个测点的温度随时间的增加幅度在增加，且在同一时刻，沿着电缆舱室竖向，高位置处的温度要高于低位置处。

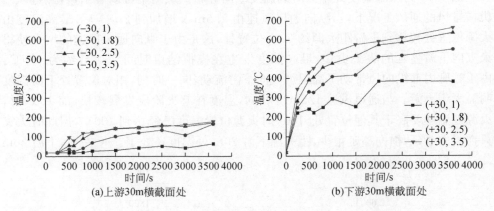

(a)上游30m横截面处　　　　　　(b)下游30m横截面处

图5-15　距火源30m横截面处温度随时间的变化(工况2)

在3600s时，下游达到最高温度670℃，根据线条的走势，此温度还会进一步增加，这是由于在数值模拟时间内，远离火源位置上游的电缆没有燃烧完，纵向风速会将上游的温度带到下游。

图5-16为距火源60m横截面处温度随时间的变化。从图中可以看出，与距火源30m横截面处温度变化规律相似。上游前1500s，各测点的温度没有上升，一直保持常温温度，这是由于火灾和烟气都没有蔓延到上游60m位置。在同一时刻，

上、下游横截面同一测点处的温度要小于距火源 30m 横截面。上游在 3600s 时位于顶棚附近的两个测点温度达到最大值 115℃,下游在 3600s 时温度达到了最大值 430℃,与距火源 30m 横截面处类似,该温度会持续增加直至燃烧完成。

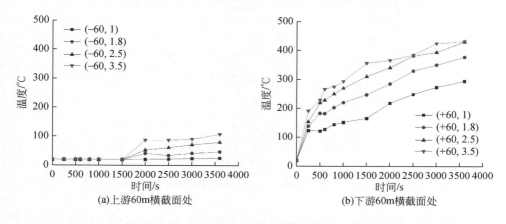

图 5-16　距火源 60m 横截面处温度随时间的变化(工况 2)

(3) CO 体积浓度变化情况。

为了研究 CO 体积浓度在管廊纵截面和横截面上的变化规律,取纵截面及距火源 30m 和 60m 横截面作为分析对象,横截面上 CO 测点的坐标为(±30,1)、(±30,1.8)、(±30,2.5)、(±30,3.5)、(±60,1)、(±60,1.8)、(±60,2.5)和(±60,3.5)。

图 5-17 为人眼高度处不同时刻 CO 体积浓度纵向分布。从图中可以看出,与工况 1 相同,在前 100s,整个电缆舱室纵向人眼高度处 CO 体积浓度几乎呈现出对称分布的趋势,但浓度较低,不同的是,最高浓度由火源位置变化为下游距火源 20m 位置,其值降为 0.0125%。在该位置上、下游方向各接近 20m 处 CO 体积浓度已经降为 0,因为在火灾的初始阶段,由于纵向风速增大,火源位置火灾短时间内蔓延到下游 20m 位置,由于时间较短,纵向风尚未将 CO 带到下游更远位置。在 100~400s,CO 体积浓度剧烈增长,在 400s 时,火源位置附近火灾发展到剧烈燃烧阶段,火源位置处的 CO 体积浓度达到 0.06%,距火源下游 60m 处的 CO 体积浓度达到最大值 0.0825%,相比 100s 增长了 5 倍多。

在 400~1800s,由于火灾的蔓延,上、下游的电缆已经处于燃烧阶段,同时由于纵向风将 CO 带到了下游,使得下游的 CO 体积浓度要高于上游。在 1800~3000s,火源向出风口方向蔓延趋势加重,CO 开始向下游出风口位置聚集,CO 体积浓度在这个时间段上升最为剧烈,最高值由 0.125% 增加到 0.16%。3600s 时,CO 体积浓度在下游距火源 40m 位置处达到了模拟时间内的最大值 0.185%,相比

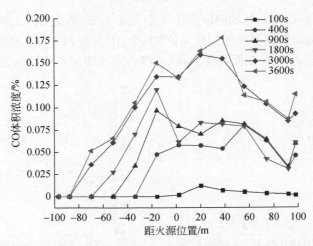

图 5-17　人眼高度处不同时刻 CO 体积浓度纵向分布(工况 2)

工况 1,最高浓度下降了 0.045 个百分点。3600s 时,火源位置的 CO 体积浓度为 0.135%,远小于最大值。由此可见,排风机的运行降低了上游和火源位置的 CO 体积浓度,使得 CO 集中向下游聚集。

图 5-18 为距火源 30m 横截面处 CO 体积浓度随时间的变化。从图中可以看出,下游的 CO 体积浓度变化比较有规律,在前 500s 剧烈增加,由 0 急速上升到约 0.2%(管廊顶棚位置),在 500s 之后逐渐趋于平稳,最高值保持以平缓的小速率增长,在 3600s,顶棚位置的测点达到了模拟时间内的最高值 0.225%。上游的 CO 体积浓度变化比较凌乱,时起时伏,但总体趋势趋于升高,在 2000s 时,达到了最高值 0.18%,之后随着模拟时间的增长,CO 体积浓度逐渐降低。($\pm$30,1)、($\pm$30,1.8)和($\pm$30,2.5)测点的 CO 体积浓度随时间的增加幅度基本相同。在同一时

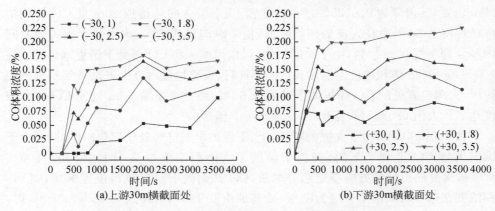

(a)上游30m横截面处　　　　　　(b)下游30m横截面处

图 5-18　距火源 30m 横截面处 CO 体积浓度随时间的变化

刻,沿着电缆舱室竖向,高位置处的 CO 体积浓度要高于低位置处。(±30,3.5)测点的浓度值在整个模拟时间内总是高于其他三个测点,这是由于 CO 密度要低于空气,CO 集中于管廊顶部。

图 5-19 为距火源 60m 横截面处 CO 体积浓度随时间的变化。从图中可以看出,与距火源 30m 横截面处的 CO 体积浓度变化规律相同,60m 横截面位置处的 CO 体积浓度变化较有规律。上游 CO 体积浓度在 1500～2000s 剧烈增加,由 0 急速上升到约 0.116%;下游在前 500s 增长剧烈,由 0 急速上升到约 0.17%,在 500s 之后逐渐趋于平稳,在 3600s 顶棚位置达到最高值 0.22%。下游(+60,1)、(+60,1.8)和(+60,2.5)测点的 CO 体积浓度随时间增加的幅度相同。在同一时刻,沿着电缆舱室竖向,高位置处的 CO 体积浓度要高于低位置处,上游最下面测点(-60,1)的 CO 体积浓度在整个模拟时间内处于较低的状态,其最大值为 0.02%。(±60,3.5)测点的浓度值在整个模拟时间内总是高于其他三个测点,同样是由于 CO 密度低于空气。

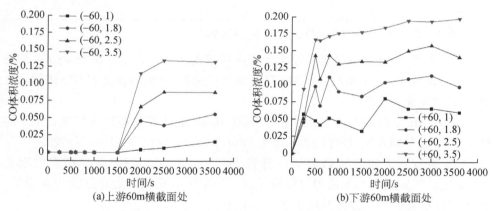

(a)上游60m横截面处　　　　　　　　(b)下游60m横截面处

图 5-19　距火源 60m 横截面处 CO 体积浓度随时间的变化(工况 2)

4)模拟结果对比分析

对 1.5m/s 和 2m/s 通风风速下烟气逆流长度、温度和 CO 体积浓度变化情况进行汇总,结果如表 5-6、表 5-7 和表 5-8 所示。

表 5-6　烟气逆流长度变化情况　　　　　　　　(单位:m)

纵向通风风速	10s	30s	50s	80s	150s	250s	500s	1050s	3600s
1.5m/s	0	0	2	8	40	75	92	100	100
2m/s	0	0	0	0	0	8	35	50	78
增长	0	0	−2	−8	−40	−67	−57	−50	−22

注:负数表示烟气逆流长度减小,0 表示烟气逆流长度无增减。

表 5-7　温度变化情况

纵向通风风速	最高温度/℃				
	纵截面人眼位置	−60m 横截面	−30m 横截面	+30m 横截面	+60m 横截面
1.5m/s	750	155	230	650	420
2m/s	700	115	180	670	430
增长	−50	−40	−50	+20	+10

注:负数表示温度减小,正数表示温度增加。

表 5-8　CO 体积浓度变化情况

纵向通风风速	最大 CO 体积浓度/%				
	纵截面人眼位置	−60m 横截面	−30m 横截面	+30m 横截面	+60m 横截面
1.5m/s	0.23	0.16	0.2	0.21	0.215
2m/s	0.185	0.14	0.18	0.225	0.22
增长	−0.045	−0.02	−0.02	+0.015	+0.005

注:负数表示 CO 体积浓度减小,正数表示 CO 体积浓度增加。

综上可得,电缆舱室无交叉段断面纵向风速由 1.5m/s 升高到 2m/s 时,烟气逆流时间降低 100s,上游的温度和 CO 体积浓度降低,下游的温度和 CO 体积浓度增加,具体变化情况如下:

(1) 1.5m/s 时烟气在 50s 开始逆流,在 1050s 逆流到上游出风口处;2m/s 时烟气在 250s 开始逆流,最终逆流长度为 78m,始终不会逆流到出风口位置。

(2) 纵截面人眼位置最高温度降低 50℃,上游 30m 横截面最高温度降低 50℃,上游 60m 横截面最高温度降低 40℃,下游 30m 横截面最高温度升高 20℃,下游 60m 横截面最高温度升高 10℃。

(3) 纵截面人眼位置最大 CO 体积浓度降低 0.045 个百分点,上游 30m 横截面最大 CO 体积浓度降低 0.02 个百分点,上游 60m 横截面最大 CO 体积浓度降低 0.02 个百分点,下游 30m 横截面最大 CO 体积浓度升高 0.015 个百分点,下游 60m 横截面最大 CO 体积浓度升高 0.005 个百分点。

4. 电缆舱室烟气逆流长度与临界风速的研究

1) 烟气逆流长度理论公式

烟气逆流长度是指综合管廊电缆舱室火灾时,烟气逆着纵向风的方向,沿着管廊顶棚,在火源上游方向流动的长度。综合管廊火灾烟气逆流长度会随着管廊内部纵向风速的增大而逐渐减小,直至逆流现象消失,此时的纵向风速为临界风速。国内外学者通常借助小比例模型试验对试验数据拟合得到相关的火灾烟气逆流长度,这里

参考学者基于模型试验提出的用无量纲模型来计算烟气逆流长度的公式,即

$$L^* = \begin{cases} 18.5\ln(0.81Q^{*1/3}/V^*), & Q^* \leqslant 0.15 \\ 18.5\ln(0.43/V^*), & Q^* > 0.15 \end{cases} \tag{5-12}$$

其中

$$V^* = \frac{V}{\sqrt{gH}} \tag{5-13}$$

$$Q^* = \frac{Q}{\rho_a c_p T_a g^{1/2} H^{5/2}} \tag{5-14}$$

式中,L^* 为无量纲火灾烟气逆流长度,纵向风速达到临界风速时取 0;V^* 为无量纲纵向风速;Q^* 为无量纲火源功率;ρ_a 为空气密度,kg/m³,一般取 1.2kg/m³;c_p 为空气比热容,kJ/(kg·K),一般取 1kJ/(kg·K);T_a 为环境温度,℃,一般取 293℃;g 为重力加速度,m/s²,一般取 9.8m/s²;H 为管廊断面高度,m。

2)模拟工况设定

前面分析发现,火源上游烟气尚未蔓延至进风口处时的流动为层流运动,烟气分层明显。根据式(5-12)得到不同火源功率下的临界风速理论计算值,如表 5-9 所示,依据临界风速选取的风速值如表 5-10 所示。

表 5-9　不同火源功率下临界风速理论计算值

火源功率/MW	无量纲火源功率	临界风速/(m/s)
1.2	0.0341	1.74
1.4	0.0398	1.83
1.8	0.0511	1.98
2	0.0568	2.15

表 5-10　不同火源功率下纵向通风风速

序号	火源功率/MW	纵向风速/(m/s)
1	1.2	1.4/1.6/1.8
2	1.4	1.6/1.8/2
3	1.8	1.8/2/2.2
4	2	2/2.2/2.4

3)烟气逆流长度与临界风速研究

图 5-20 为不同火源功率下烟气逆流长度模拟图。从图中可以看出,不同火源功率和不同通风风速下烟气层蔓延运动都有相似的规律。火源功率 1.2MW 下纵向风速为 1.4m/s、1.6m/s,火源功率 1.4MW 下纵向风速为 1.6m/s、1.8m/s,火源功率 1.8MW 下纵向风速为 1.8m/s、2m/s,火源功率 2MW 下纵向风速为 2m/s、

2.2m/s时,烟气层都有明显的逆流现象,烟气层上游蔓延到某个位置时会在该位置处来回摆动,本节选取烟气层相对稳定的逆流数值作为火灾烟气逆流长度。火源功率1.2MW下,当纵向风速为1.4m/s时,下游烟气已经填满整个下游舱室,上游烟气蔓延超过20m,当风速增加到1.6m/s时,烟气逆流长度开始减小,向火源

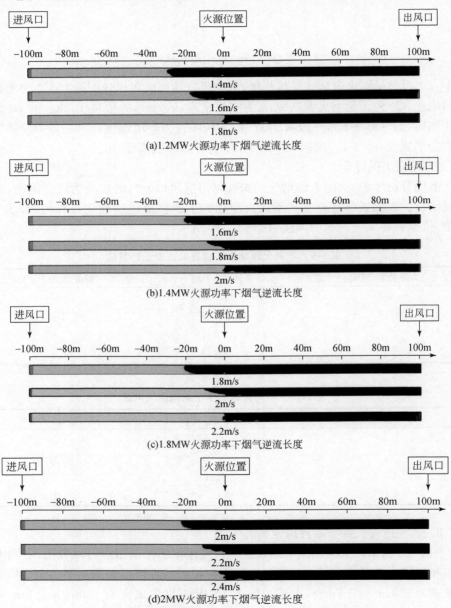

图 5-20　不同火源功率下烟气逆流长度模拟图

位置收缩,当纵向风速进一步增加到 1.8m/s 时,烟气无法向火源上游蔓延,烟气逆流长度为负值,说明纵向风速 1.6m/s 和 1.8m/s 之间存在临界风速,使火灾烟气无法向火源上游蔓延,从图 5-20(a)可以看出,火源功率为 1.2MW 的临界风速更接近 1.8m/s。同理,从图 5-20(b)、(c)可以看出,1.4MW 火源功率下,在 1.8m/s 和 2m/s 之间存在临界风速,临界风速值更接近 2m/s;1.8MW 火源功率下,在 2m/s 和 2.2m/s 之间存在临界风速,临界风速值更接近 2.2m/s。从图 5-20 (d)可以看出,当火源功率为 2MW 时,2.4m/s 纵向风速下,烟气还有少许回流,但回流值接近 0,说明此火源功率下的临界风速在 2.4m/s 以上,接近于 2.4m/s。

通过式(5-12)～式(5-14)计算不同火源功率在不同通风风速下的烟气逆流长度,如表 5-11 所示。

表 5-11　不同火源功率在不同通风风速下的烟气逆流长度

火源功率/MW	纵向风速/(m/s)	烟气逆流长度模拟值
1.2	1.4	29
	1.6	17
	1.8	—2
1.4	1.6	20
	1.8	9
	2	—2
1.8	1.8	21
	2	10
	2.2	—1
2	2	21
	2.2	12
	2.4	3

注:负数代表烟气没有发生逆流。

从表 5-11 可以看出,火源功率为 1.2MW 时,临界风速在 1.6～1.8m/s;火源功率为 1.4MW 时,临界风速在 1.8～2m/s;火源功率为 1.8MW 时,临界风速在 2～2.2m/s;火源功率为 2MW 时,临界风速在 2.2～2.4m/s,接近于 2.4m/s。

5. 电缆舱室可用安全疏散时间的确定

取纵向风速为最不利工况下的 1.5m/s,根据 FDS 数值模拟结果,绘制出人眼高度处(1.8m)能见度 10m 前锋蔓延长度、烟气 CO 体积浓度 0.03% 前锋蔓延长度和烟气温度 60℃ 前锋蔓延长度,如图 5-21 所示。根据图 5-20 整理出人眼高度处主要影响因素前锋蔓延长度,如表 5-12 所示。

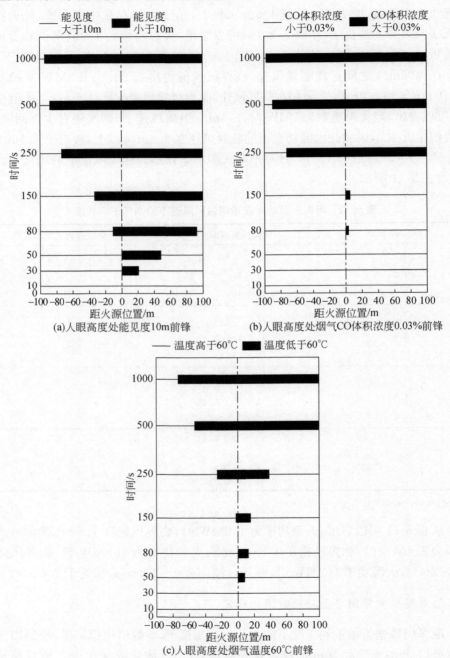

图 5-21　人眼高度处主要影响因素前锋蔓延图

表 5-12　人眼高度处主要影响因素前锋蔓延长度

火灾发展时间/s		10	30	50	80	150	250	500	1000
人眼高度处能见度 10m 前锋	上游蔓延长度/m	0	0	0	10	32	73	87	93
	下游蔓延长度/m	0	20	48	92	100	100	100	100
人眼高度处烟气 CO 体积浓度 0.03% 前锋	上游蔓延长度/m	0	0	0	0	0	72	89	97
	下游蔓延长度/m	0	0	0	3	5	100	100	100
人眼高度处烟气温度 60℃ 前锋	上游蔓延长度/m	0	0	0	0	2	25	53	73
	下游蔓延长度/m	0	0	8	13	15	38	100	100

当综合管廊电缆舱室断面风速为 1.5m/s 时,由表 5-12 可知,舱室上游和舱室下游都为人眼高度处能见度 10m 前锋蔓延较快,故通过人眼高度处能见度 10m 前锋拟合出可用安全疏散时间曲线,如图 5-22 所示。

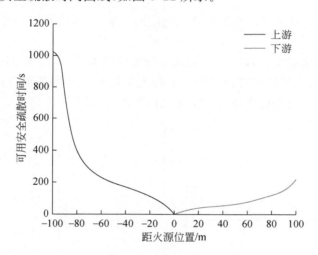

图 5-22　电缆舱室可用安全疏散时间拟合曲线

由图 5-22 可知,当电缆舱室一个防火分区中部发生火灾时,舱室上游可用安全疏散时间为 1020s,舱室下游可用安全疏散时间为 220s。

5.2.2　垂直十字交叉段火灾特性研究

本节介绍电缆舱室垂直十字交叉段的火灾特性,通过选取上下电缆舱室各 30m 长度区段进行研究,上层电缆舱室在交叉部位采取加宽措施,在交叉面中间设置了 1m×1m 检修孔。通过对上下层电缆舱室发生的火灾进行模拟分析,得到不同工况下的烟气蔓延情况、温度变化情况以及 CO 体积浓度情况。

1. 电缆舱室断面尺寸的确定

本节选取小尺寸断面电缆舱室(单舱)与电缆舱室(单舱)十字交叉,上下层电缆舱室的断面尺寸相同,均为 2.6m(宽)×3m(高)。上下两层之间需设置人员检修孔和管线连通孔,因此在交叉的部分,上层的电缆舱室尺寸做了局部放大,以确保原管廊检修通道畅通不受影响。《城市综合管廊工程技术规范》(GB 50838—2015)对交叉口位置的尺寸做了如下规定:

(1)加宽段的宽度为上下层电缆舱室宽度之和的一半,且不小于 3m,还应满足管线转弯半径的要求。

(2)人员检修孔尺寸不得小于 0.9m×0.9m,应配垂直式钢制爬梯,检修孔上部要覆盖轻质防火盖板作为不同电缆舱室的防火分隔,防火盖板的耐火极限不得低于 3h。

(3)管线连通孔尺寸应为加宽管廊宽度的一半,人员检修口尺寸应为非加宽管廊宽度的一半。

依据规定,选取交叉口上层电缆舱室加宽段的宽度为 2.6m、上下层管线连通孔尺寸为 1.3m、人员检修口尺寸为 1m,在人员检修口处配备垂直式钢制爬梯,爬梯的宽度为 1m。电缆舱室垂直十字交叉段平面图如图 5-23 所示。

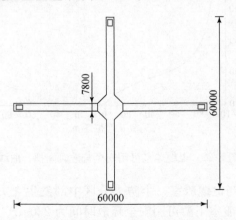

图 5-23　电缆舱室垂直十字交叉段平面图(单位:mm)

2. 数值模拟模型的建立

1) 模型的建立

本节电缆舱室交叉段数值模拟网格划分原则、火灾热释放速率增长方式、电缆模型的设置方法与无交叉段的数值模拟相同,这里不再赘述,选取火源功率为

1800kW，网格划分尺寸为 0.2m×0.2m×0.2m。

电缆舱室垂直十字交叉段数值模拟模型如图 5-24 所示。

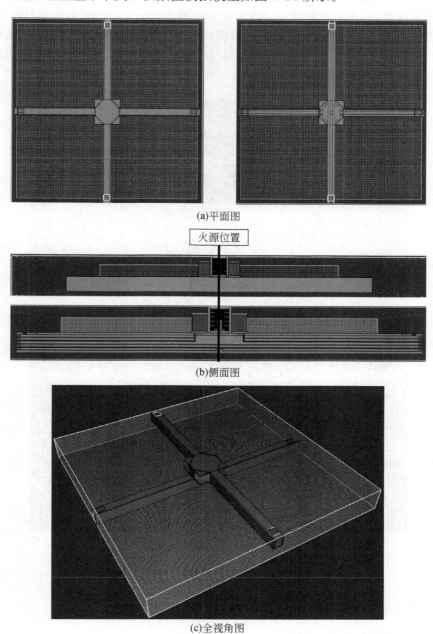

(a)平面图

(b)侧面图

(c)全视角图

图 5-24　电缆舱室垂直十字交叉段数值模拟模型

2) 监测点、面的布置

为了直观地分析电缆舱室垂直十字交叉段烟气蔓延情况、能见度、CO 体积浓度和火灾温度场,在电缆舱室横截面中心对称轴 $x=0$m、$y=0$m 上布置温度切片、能见度切片和 CO 体积浓度切片,如图 5-25(a)所示;在横截面上的坐标点 $(0,0.5)$、$(0,1)$、$(0,1.8)$、$(-0.5,1.8)$ 和 $(0.5,1.8)$ 处布置温度、CO 体积浓度、能见度探测装置,沿着管廊纵向,每隔 5m 布置一道,如图 5-25(b)所示。

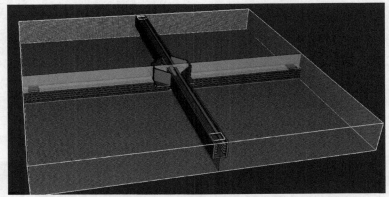

(a)纵截面温度、CO体积浓度、能见度切片

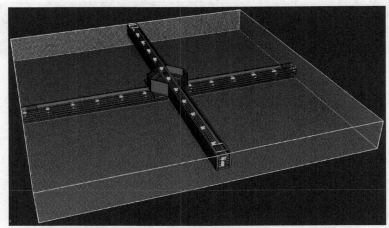

(b)横截面温度、CO体积浓度、能见度监测点

图 5-25　监测点、面布置(垂直十字交叉段)

3. 下层电缆舱室中部起火数值模拟结果分析

1) 烟气蔓延、能见度情况

当综合管廊电缆舱室十字交叉段下层舱室在交叉处发生火灾时,通过分析烟

气的蔓延情况,可以直观地看出烟气的运动规律,判断纵向风速对烟气蔓延的影响,同时借助舱室纵截面能见度切片,将其与烟气蔓延相结合,得到火灾发展过程中的能见度情况。

电缆舱室垂直十字交叉段采用自然进风＋机械排风,排风风速为 0.5m/s,下层电缆舱室烟气蔓延情况如图 5-26 所示。根据风速的流动方向,在电缆舱室的一个防火分区内,根据火源位置将进风方向定义为电缆舱室上游,出风方向定义为电缆舱室下游。

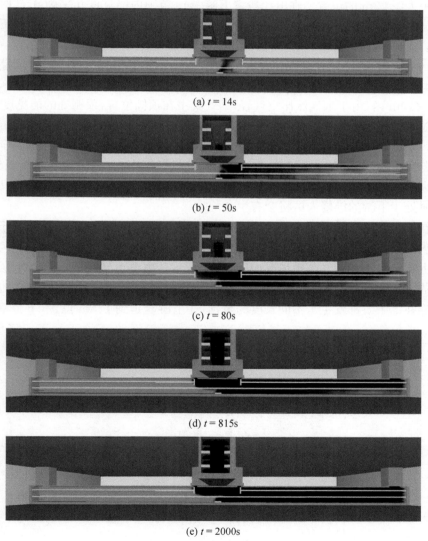

(a) $t = 14$s

(b) $t = 50$s

(c) $t = 80$s

(d) $t = 815$s

(e) $t = 2000$s

图 5-26　下层电缆舱室烟气蔓延情况

由图 5-26 可知,在火灾阴燃阶段,即 $t=14s$ 时,电缆受热发生热解反应,生成少量的烟气,烟气的蔓延速率较低,在垂直方向上刚好蔓延至顶棚,尚未蔓延到上层电缆舱室。由于受到水平方向的风速影响,水平方向朝下游方向也开始蔓延。此时的能见度情况良好,电缆舱室在纵向方向人员视野可以通透,舱室内检修人员疏散不会受到烟气影响。

$t=50s$ 时,烟气已经朝下游蔓延了 22m,在上游方向由于受到纵向通风风速的影响没有发生蔓延。此时,烟气以层状形式向下游蔓延,顶棚位置烟气前锋蔓延到下游距火源 22m 的位置。在电缆舱室下游 10m 范围内能见度几乎为 0,此时若维修人员处于电缆舱室下游,还有充裕的时间疏散至出风口处逃生口或邻近下游的下一防火分区。

$t=80s$ 时,顶棚位置烟气前锋进一步蔓延至下游出风口处,在上游方向蔓延到上层电缆舱室加宽段电缆交叉处。此时,下游 0~22m 内的能见度几乎为 0,在下游 22~30m 内,由于烟气流比空气轻,烟气集中在顶棚位置,顶棚处的能见度为 0,电缆舱室中下部的能见度在 10~18m 内,此时处于下游的维修人员应立即疏散至出风口处逃生口或邻近下游的下一防火分区。在 815~2000s,烟气几乎完全填充防火分区下游区段,在出风口位置由于受到外界气流影响,烟气发生涡流现象,同时防火分区上游没有发生烟气回流现象。$t=815s$ 时,防火分区下游能见度几乎为 0,此时处于下游的维修人员将会有生命危险。

在整个模拟时间内,下层电缆舱室始终没有发生烟气回流现象,这是由于烟气通过火源上部检修口蔓延到了上层电缆舱室。

上层电缆舱室烟气蔓延情况如图 5-27 所示。由图可知,$t=40s$ 时,下层电缆舱室的烟气通过检修口刚开始蔓延到上层电缆舱室。$t=72s$ 时,上层电缆舱室烟气前锋在上下游都发生了不同长度的蔓延,在上游蔓延到了 5m 位置,下游蔓延到

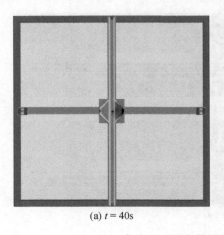
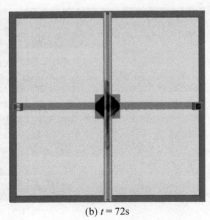

(a) $t=40s$　　　　　　　　　　　　(b) $t=72s$

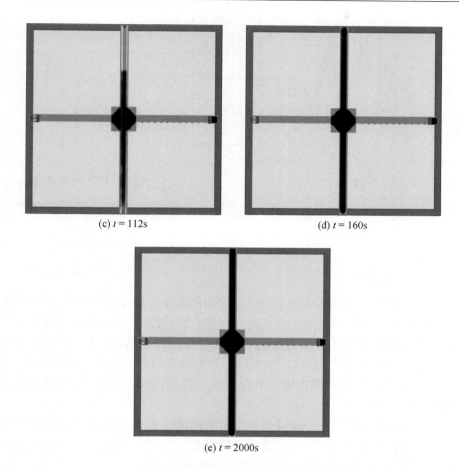

(c) $t = 112s$　　　　　　　　　　　　(d) $t = 160s$

(e) $t = 2000s$

图 5-27　上层电缆舱室烟气蔓延情况(下层电缆舱室中部起火)

了 13m 位置。$t = 112s$ 时,上层电缆舱室烟气前锋刚好蔓延至下游出风口位置,在上游蔓延到了 15m 位置。$t = 160 \sim 2000s$ 时,烟气已经填满上层电缆舱室整个区段。

2)温度变化情况

图 5-28 为人眼高度处上下层电缆舱室不同时刻温度纵向分布。从图中可以看出,垂直十字交叉段下层电缆舱室中部发生火灾时,对于下层电缆舱室,由于内部纵向风带动了高温烟气向下游流动,同一时刻,相对位置处下游温度明显大于上游。温度在起火阶段发展较快,100s 时火源位置附近温度达到 250℃,向两边逐渐递减,在上游距火源 15m 位置处温度依旧为常温 20℃,这说明在此条件下,火源不会对该位置及该位置到进风口之间产生影响。下游由于受到纵向风影响,温度都

在100℃以上,而且出风口处温度要低于下游其他位置处。

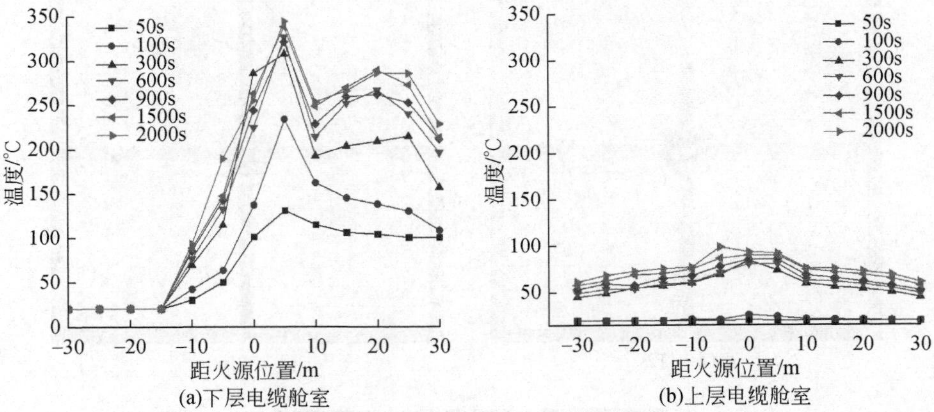

图 5-28　人眼高度处上下层电缆舱室不同时刻温度纵向分布(下层电缆舱室中部起火)

在 300～2000s,人眼高度处不同时刻纵向温度变化规律几乎相同,而且温度差也变化不大,说明该时间段处于火灾充分燃烧阶段,火源位置处的温度由 250℃飙升至 350℃,同时火灾在下游蔓延到出风口位置,火源下游出风口处的温度达到225℃,比 100s 时升高了 125℃。2000s 时,火源位置附近的温度达到最大值,接近350℃,上下游同一位置处的温度一直保持增长状态,说明火源两侧电缆处于火灾发展阶段。

在整个模拟时间内,下层电缆舱室距上游通风口 15m 位置处的温度几乎没有发生变化,保持在常温 20℃左右,说明该位置处的电缆由于纵向风的影响没有发生燃烧,从图 5-26 也可以看出烟气也没有蔓延到该位置。

对于上层电缆舱室,整体温度都不高,最高温度保持在 100℃以下,这是由于在整个模拟时间内火灾没有由下层电缆舱室蔓延到上层电缆舱室,只是下层电缆舱室火灾烟气蔓延到了上层电缆舱室。50～100s 时的温度几乎等于常温,随着烟气的蔓延,在 300s 时温度有了急剧的飙升,最高温度由 25℃上升至 85℃。在接下来的模拟时间内,上层电缆舱室的纵向温度整体变化规律相同,温度差起伏不大,且上下游同一位置的温度几乎相同,这是由于上层电缆舱室纵向风速不大,风速对烟气的蔓延影响不大,最高温度为 2000s 时的 100℃。

图 5-29 为下层电缆舱室距火源 15m 横截面处温度随时间的变化。从图中可以看出,电缆舱室下游 15m 位置的温度明显高于上游 15m 位置,上游 15m 位置处的温度接近于常温。下游温度变化相对上游比较凌乱,每个测点的温度随时间增加的幅度相同,且在同一时刻,沿着电缆舱室竖向,高位置处的温度要高于低位置

处。在 1750s 时，达到最高温度 280℃。

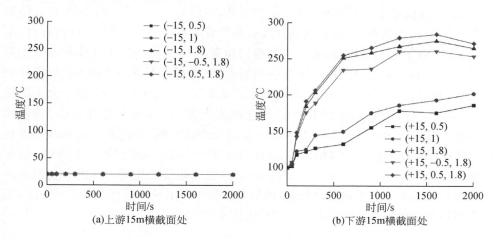

(a)上游15m横截面处　　　　　　(b)下游15m横截面处

图 5-29　下层电缆舱室距火源 15m 横截面处温度随时间的变化

图 5-30 为上层电缆舱室距火源 15m 横截面处温度随时间的变化。从图中可以看出，上下游 15m 截面处温度变化规律几乎相同，最高温度也差别不大，均发生在模拟结束时间，上游最高温度为 75℃，下游最高温度为 79℃，此温度还会进一步增加。这是由于在数值模拟时间内，下层电缆舱室电缆没有燃烧完成，高温烟气会通过交叉处检修口蔓延至上层电缆舱室。

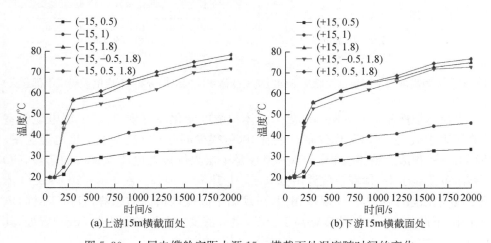

(a)上游15m横截面处　　　　　　(b)下游15m横截面处

图 5-30　上层电缆舱室距火源 15m 横截面处温度随时间的变化

3）CO 体积浓度情况

图 5-31 为人眼高度处上下层电缆舱室不同时刻 CO 体积浓度纵向分布。从

图中可以看出,对于下层电缆舱室,在前50s,整个舱室纵向人眼高度处CO体积浓度较低,最高值发生在下游距火源5m位置处,其值为0.0025%,距火源15m位置处几乎降为0,因为在火灾的初始阶段,火源位置电缆燃烧产生的CO被纵向风带到下游,但由于时间较短,尚未蔓延到更远位置。在50～100s,CO体积浓度剧烈增长,100s时,火源位置附近火灾发展到剧烈燃烧阶段,下游距火源5m位置处的CO体积浓度达到0.01%,相比50s时增长了3倍。在100～300s,由于火灾的蔓延,下游更远位置的电缆已经开始燃烧,下游距火源10～30m位置处的CO体积浓度急剧上升。在300～2000s,CO体积浓度变化规律相同,下游距火源10m位置处的CO体积浓度明显低于其他位置,可能是由于0～10m电缆燃烧产生的CO通过上部的检修口蔓延到上层电缆舱室,10～30m电缆燃烧产生的CO由于受到纵向风的影响蔓延到了下游出风口位置,使得CO集中在出风口位置。在2000s时,下游出风口位置处的CO体积浓度达到最大值0.02%。

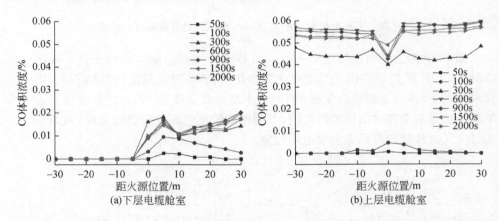

图 5-31　人眼高度处上下层电缆舱室不同时刻CO体积浓度纵向分布(下层电缆舱室中部起火)

　　　上层电缆舱室纵向人眼高度处CO体积浓度变化较有规律,以上层电缆舱室检修口为中心,呈现出对称分布。在前100s,很少部分CO蔓延至上层电缆舱室,使得CO体积浓度整体较低。100～300s是下层火源位置电缆火灾发展阶段,CO体积浓度急剧上升,检修口位置由0.004%上升至0.04%。在300～2000s,CO体积浓度变化范围不大,整体规律相似,呈现出中间低两边高的趋势,且由于纵向风的作用,下游的CO体积浓度略高于上游,最大值发生在下游距火源5m位置处,其值为0.06%。

　　　图 5-32 为下层电缆舱室距火源15m横截面处CO体积浓度随时间的变化。从图中可以看出,基于前面下层电缆舱室烟气蔓延和温度情况的分析,上游电缆在模拟时间内没有燃烧,因此上游15m横截面处CO体积浓度接近于0。下游15m

横截面处 CO 体积浓度变化较有规律,在前 250s 剧烈增加,由 0 急速上升到约 0.012%,在 500s 之后逐渐趋于平稳,最高值保持在 0.015% 以下。最下面两个测点(+15,0.5)和(+15,1)的 CO 体积浓度基本相同,最上面 3 个测点(+15,1.8)、(+15,-0.5,1.8)和(+15,0.5,1.8)的 CO 体积浓度基本相同,且在同一时刻,沿着电缆舱室竖向,高位置处的 CO 体积浓度要高于低位置处,这是由于 CO 密度要低于空气,CO 集中于管廊顶部。

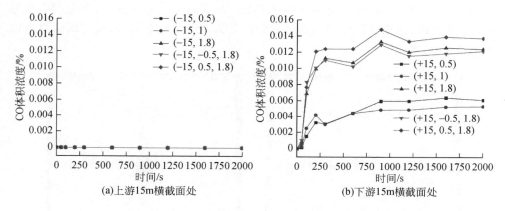

图 5-32　下层电缆舱室距火源 15m 横截面处 CO 体积浓度随时间的变化

图 5-33 为上层电缆舱室距火源 15m 横截面处 CO 体积浓度随时间的变化。从图中可以看出,上下游 15m 横截面处 CO 体积浓度变化规律几乎相同,下游 CO 体积浓度略高于上游,最高浓度都发生在 600s 时,上游最高 CO 体积浓度为 0.056%,下游最高 CO 体积浓度为 0.06%。600s 后,CO 体积浓度开始缓慢下降,上下游下降幅度相同。

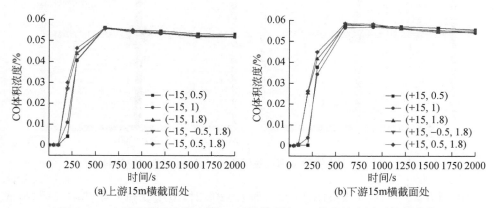

图 5-33　上层电缆舱室距火源 15m 横截面处 CO 体积浓度随时间的变化
(下层电缆舱室中部起火)

4. 上层电缆舱室中部起火数值模拟结果分析

1）烟气蔓延、能见度情况

上层电缆舱室中部起火模拟中，在整个模拟时间内，由于受到下层电缆舱室纵向风速的影响，烟气始终没有蔓延至下层电缆舱室，故本节只分析上层电缆舱室烟气蔓延情况。

图 5-34 为上层电缆舱室烟气蔓延情况。根据风速的流动方向，在上层电缆舱室的交叉段内，根据火源位置将进风方向定义为电缆舱室上游，出风方向定义为电缆舱室下游。

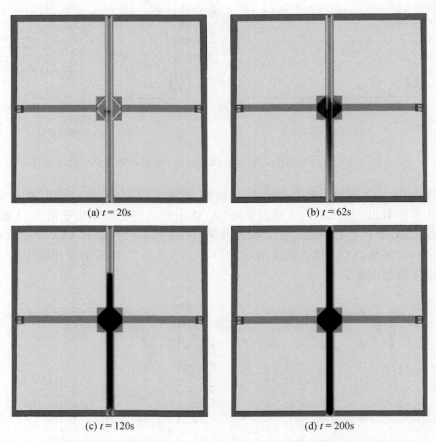

(a) $t=20\text{s}$ (b) $t=62\text{s}$

(c) $t=120\text{s}$ (d) $t=200\text{s}$

图 5-34　上层电缆舱室烟气蔓延情况（上层电缆舱室中部起火）

由图 5-34 可知，在火灾阴燃阶段，即 $t=20\text{s}$ 时，电缆受热发生热解反应，生成少量的烟气，烟气的蔓延速率较低，仅在垂直方向上蔓延到了顶棚位置，尚未开始横向蔓延。此时的能见度情况良好,舱室在纵向方向人员视野可以通透,舱室内检修人员疏散不会受到烟气影响。

$t=62s$ 时,随着火势的进一步发展,烟气已经填满上层电缆舱室扩大部位,且烟气前锋以层状形态运动,向下游方向蔓延了 15m,尚未在上游开始蔓延。在电缆舱室下游 15m 范围内能见度几乎为 0,此时若维修人员处于电缆舱室下游,还有充裕的时间疏散至出风口处逃生口或邻近下游的下一防火分区。

$t=120s$ 时,顶棚位置烟气前锋进一步蔓延至下游出风口处,在出风口位置由于受到外界气流影响,烟气发生涡流现象,同时在上游方向蔓延到距火源 15m 位置,此时处于上游的维修人员应立即疏散至进风口处逃生口或邻近上游的上一防火分区。防火分区下游能见度几乎为 0,此时处于下游的维修人员将会有生命危险。$t=200s$ 时,烟气已经填满上层电缆舱室整个区段。

2) 温度变化情况

图 5-35 为人眼高度处上下层电缆舱室不同时刻温度纵向分布。从图中可以看出,垂直十字交叉段上层电缆舱室中部发生火灾时,由于烟气没有蔓延到下层电缆舱室,所以下层电缆舱室纵向温度只有在交叉口检修口正下方温度有所升高,最高温度约为 60℃,且左右呈对称分布,影响范围为左右各 5m。

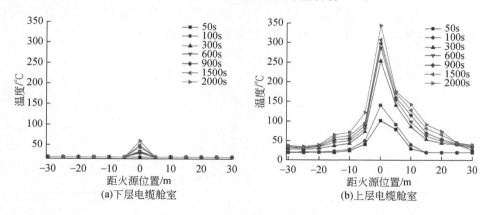

图 5-35　人眼高度处上下层电缆舱室不同时刻温度纵向分布(上层电缆舱室中部起火)

对于上层电缆舱室,由于内部纵向风带动了高温烟气向下游流动,同一时刻,相对位置处下游温度明显大于上游。温度在起火阶段发展较快,50s 时,火源位置处的温度达到 100℃,向两边逐渐递减,上游距火源 10m 位置温度接近常温 20℃,下游距火源 15m 位置温度接近常温 20℃。在 100~300s,温度上升幅度较大,火源位置处的温度由 150℃上升至 275℃,说明该时间处于火灾发展阶段。300s 时,火灾在横向已经开始了蔓延,下游距火源 10m 处的温度为 100℃,比 100s 时升高了约80℃。

在300～2000s，人眼高度处不同时刻纵向温度变化规律几乎相同，而且温度差变化不大，说明该时间段处于火灾充分燃烧阶段，火源位置处的温度由250℃上升至350℃，同时烟气在下游蔓延到出风口位置，火源下游出风口处的温度达到50℃，比100s时升高了30℃。2000s时，火源位置处的温度达到最大值，接近350℃，上下游同一位置处的温度一直保持增长状态，说明火源两侧的电缆处于火灾发展阶段。

在整个模拟时间内，上层电缆舱室上游距火源20m位置处和下游距火源25m位置处的温度最大值都小于60℃，说明在此工况下，上层电缆舱室中部起火对这两处位置及到各自进出口之间没有影响，只是蔓延到该位置。

从图5-35可以看出，下层电缆舱室距火源左右各15m截面处温度为常温20℃。上层电缆舱室距火源左右各15m截面处温度均小于100℃，因此没有必要分析横截面的温度变化情况。

3）CO体积浓度情况

图5-36为人眼高度处上下层电缆舱室不同时刻CO体积浓度纵向分布。从图中可以看出，垂直十字交叉段上层电缆舱室中部发生火灾时，由于烟气没有蔓延到下层电缆舱室，下层舱室纵向CO体积浓度只有在交叉口检修口正下方有所升高，最高浓度很小，且左右呈对称分布，影响范围为左右各5m。

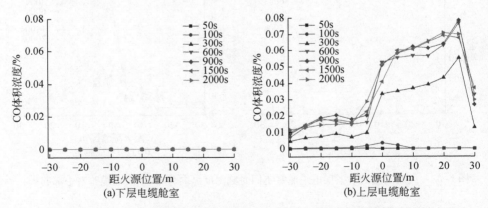

图5-36　人眼高度处上下层电缆舱室不同时刻CO体积浓度纵向分布
（上层电缆舱室中部起火）

对于上层电缆舱室，在前100s，整个舱室纵向人眼高度处CO体积浓度较低，几乎为0，最高浓度发生在火源位置处，其值为0.005％，且左右呈对称分布。在100～300s，下游CO体积浓度增长剧烈，该时间段火源位置附近火灾发展到剧烈燃烧阶段。300s时，火源位置处的CO体积浓度达到0.035％，比100s时增长了

6 倍。该时间段由于火灾的蔓延,下游更远位置的电缆也开始燃烧,同时由于纵向风的作用,最高 CO 体积浓度开始由火源位置迁移至下游出风口位置处,300s 时,CO 体积浓度最大值为 0.055%,上游的 CO 体积浓度始终保持在 0.006% 左右。

在 300~2000s,CO 体积浓度变化规律相同,上游 CO 体积浓度保持比较平稳,最高值为 0.02%。下游 CO 体积浓度由火源位置向下游方向逐渐增高,在距火源 25m 位置处最高,过了该位置会迅速降低,这是由于大部分 CO 会在纵向风的作用下通过出风口流出。900s 时,CO 体积浓度达到了模拟时间内的峰值,其值为 0.082%。

图 5-37 为上层电缆舱室距火源 15m 横截面处 CO 体积浓度随时间的变化。从图中可以看出,上下游电缆舱室最下面两个测点(+15,0.5)和(+15,1)的 CO 体积浓度基本相同,最上面 3 个测点(+15,1.8)、(+15,-0.5,1.8)和(+15,0.5,1.8)的 CO 体积浓度基本相同,且在同一时刻,沿着舱室竖向,高位置处的 CO 体积浓度要高于低位置处,这是由于 CO 密度要低于空气,CO 集中于管廊顶部。上游 15m 横截面处的 CO 体积浓度在 900s 达到峰值,其值为 0.0225%,之后会逐渐降低,在 1500s 后保持平稳。下游 15m 横截面处的 CO 体积浓度随着时间的增大逐渐增加,在 1600s 时达到最大,最大值为 0.07%。

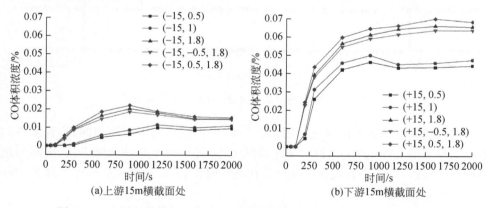

(a)上游15m横截面处　　　　　(b)下游15m横截面处

图 5-37　上层电缆舱室距火源 15m 横截面处 CO 体积浓度随时间的变化
(上层电缆舱室中部起火)

5.3　城市综合管廊人员疏散研究

本节运用 Pathfinder 软件对电缆舱室无交叉段单个防火分区进行人员疏散模拟,提出不同防火分区长度以及不同检修通道宽度下的人员疏散时间。

5.3.1 疏散模拟基础参数

1. 电缆舱室电缆及断面布置

电力电缆及通信电缆的布置比较灵活、自由，不会被限制在一个横截面内。这里以《城市综合管廊工程技术规范》(GB 50838—2015)和《电力工程电缆设计标准》(GB 50217—2018)为依据，同时考虑电力电缆在通信时会产生一些噪声，对电缆之间的间距做了一定的加宽处理。选取检修通道宽度为 0.8m(只允许一人通过)和 1.3m(同时允许两人通过)。电缆舱室单防火分区平面图如图 5-38(a)所示，由于电缆舱室一个防火分区的长宽比很大，为了方便直观，在绘制平面图时将长度方向缩小到原来的 1/8。

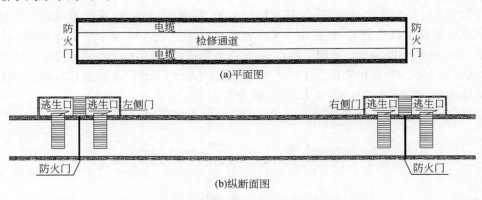

图 5-38　电缆舱室单防火分区平面图和纵断面图

电缆舱室单防火分区纵断面图如图 5-38(b)所示，与平面图相同，将长度方向缩小到原来的 1/8。逃生口位于通风口的位置，逃生口上部是管廊夹层，夹层与地面相通，疏散口处配垂直式钢制爬梯。在疏散时，当人员到达夹层楼梯口顺延 10m 处时为安全状态。

2. 疏散人员基本参数

这里假设维修人员全部为成年男性，人员身高选取前面定义的人眼高度 (1.8m)，人员身高、肩宽、步行速度如表 5-13 所示。

表 5-13　疏散人员基本参数

人员类别	身高/m	肩宽/m	步行速度/(m/s)
成年男性	1.8	0.4~0.6 随机分布	1.15~1.25 随机分布

5.3.2　电缆舱室疏散模拟

1.等效时间的确定

由于 Pathfinder 软件中没有建立爬梯模型的功能,需要对爬梯进行等效替代,用软件中的楼梯代替爬梯进行研究,在模拟中控制单个疏散人员通过楼梯的时间等于通过爬梯的时间。其核心思想是:对单个疏散人员进行疏散研究,研究不同楼梯参数下的人员疏散时间,最后确定单个人员通过某一参数下的楼梯疏散时间约等于人员通过爬梯的时间,将该楼梯参数作为本节电缆舱室疏散的楼梯参数,此时的楼梯代替爬梯来模拟疏散。楼梯参数及不同楼梯坡度的疏散时间取值如表 5-14~表 5-17 所示。

表 5-14　楼梯参数

楼梯参数	坡度/(°)	梯步高度/m
取值	35/40/45	0.1/0.13/0.16/0.2

表 5-15　楼梯坡度为 35°的疏散时间

梯步高度/m	疏散时间/s
0.1	6.5
0.13	6.8
0.16	7.3
0.2	7.8

表 5-16　楼梯坡度为 40°的疏散时间

梯步高度/m	疏散时间/s
0.1	6
0.13	6.3
0.16	6.8
0.2	7.3

表 5-17　楼梯坡度为 45°的疏散时间

梯步高度/m	疏散时间/s
0.1	5.8

续表

梯步高度/m	疏散时间/s
0.13	6
0.16	6.3
0.2	7

　　不同楼梯坡度和梯步高度下的疏散时间如图 5-39 所示。由图可知,随着楼梯坡度的减小和梯步高度的增加,人员疏散所耗费的时间增加。经过多次测试,成年男性的准备时间、反应时间加爬上 3m 高爬梯所用时间约为 7s,疏散楼梯坡度通常为 40°。从图中可以看出,爬梯时间线条与 40°疏散时间线条相交时的横轴为 17.7cm,取整数值 18cm。因此,选取的楼梯参数为梯步高度 0.18m。

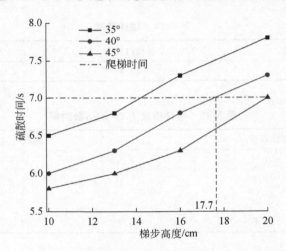

图 5-39　不同楼梯坡度与梯步高度下的疏散时间

2.疏散计算模型及模拟工况的建立

　　检修通道宽度和防火分区长度是影响人员疏散最为重要的两个因素。取疏散时检修通道宽度为 0.8m(只允许一人通过)和 1.3m(同时允许两人通过),当人员到达夹层楼梯口顺延 10m 处时为安全状态。

　　计算场景分为设计方案和对比方案,其中设计方案为 200m 防火分区长度下两种检修通道宽度下的疏散研究,对比方案为 160m、180m、220m、240m 防火分区长度下两种检修通道宽度下的疏散研究,如表 5-18 所示。

表 5-18 疏散模拟工况

试验方案	防火分区长度/m	工况	疏散人数/人	检修通道宽度/m
设计方案	200	1	240	0.8
			240	1.3
对比方案	160	2	200	0.8
			200	1.3
	180	3	220	0.8
			220	1.3
	220	4	260	0.8
			260	1.3
	240	5	280	0.8
			280	1.3

3. 不同防火分区长度与检修通道宽度下人员疏散的研究

1）设计方案

图 5-40 为不同检修通道宽度下人员疏散时间对比。从图中可以看出,在防火分区长度一定的情况下,检修通道宽度由 0.8m 增加到 1.3m 反而造成疏散时间由 205s 增加到 215s。这是由于当两端的楼梯宽度只能通过 1 个人时,0.8m 宽的检修通道只能允许 1 个人通过,不会造成人员拥堵,疏散人员都会按顺序进行疏散,当检修通道宽度为 1.3m 时,后面速度较快的人员会通过人员间隙反超前面速度较慢的人员,造成人员在楼梯位置出现拥堵现象,使得检修通道增宽时疏散更慢,疏散效率更低。不同检修通道宽度下楼梯口位置人员疏散示意图如图 5-41 所示。

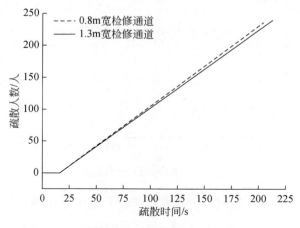

图 5-40 不同检修通道宽度下人员疏散时间对比

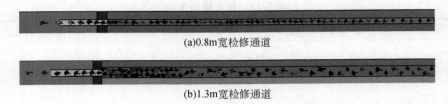

(a)0.8m宽检修通道

(b)1.3m宽检修通道

图 5-41　不同检修通道宽度下楼梯口位置人员疏散示意图

　　为了更加具体地描述不同检修通道宽度下的人员疏散特性，这里绘制了左侧门与右侧门的通过率，如图 5-42 所示。

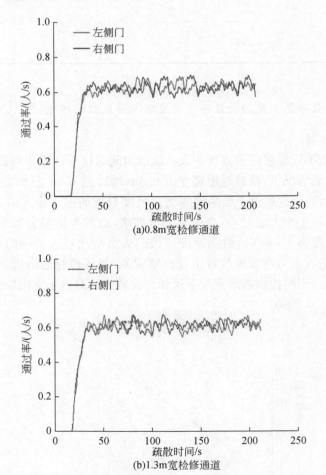

(a)0.8m宽检修通道

(b)1.3m宽检修通道

图 5-42　不同检修通道宽度下左侧门与右侧门的通过率

由图 5-42 可知,两种检修通道宽度下,左侧门与右侧门的通过率几乎保持不变。在前 20s,两个门的通过率都为 0,这是由于速度最快的疏散人员通过楼梯和夹层到达疏散门的时间大概为 20s。在 20~40s,两个门的通过率均以相同的斜率增加,40s 后保持在 0.6 人/s 左右波动,一直到疏散结束。总体来说,疏散门的通过率平均约为 0.6 人/s。

2) 对比方案

为了研究防火分区长度和检修通道宽度对人员疏散的影响,设置了工况 2～5,其防火分区长度分别为 160m、180m、220m、240m,检修通道宽度依旧为 0.8m 和 1.3m 两种。不同工况下的人员疏散时间如图 5-43 所示。

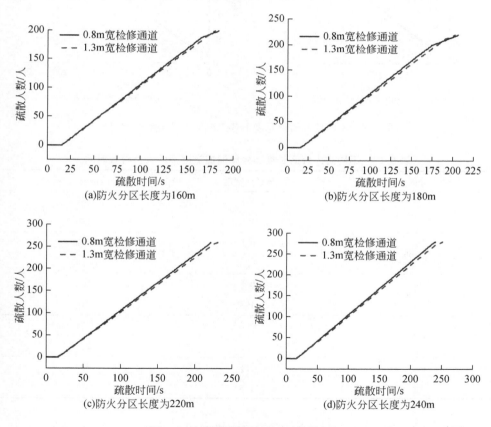

图 5-43　不同工况下的人员疏散时间

由图 5-43 可知,当防火分区长度为 160m 和 180m 时,1.3m 宽检修通道的人员疏散时间要小于 0.8m 宽检修通道,但当防火分区长度为 220m 和 240m 时,1.3m 宽检修通道的人员疏散时间反而大于 0.8m 宽检修通道。

　　不同检修通道宽度下各工况的人员疏散时间对比如图 5-44 所示。由图可知，同种检修通道宽度下，不同防火分区长度下的疏散率是相同的，且随着防火分区长度的增加，疏散时间逐渐增加。不同防火分区和检修通道宽度下的人员疏散时间如表 5-19 所示。

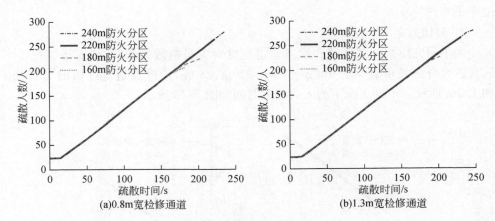

图 5-44　不同检修通道宽度下各工况的人员疏散时间对比

表 5-19　不同防火分区长度和检修通道宽度下的人员疏散时间

防火分区长度/m	检修通道宽度/m	疏散时间/s
160	0.8	184
	1.3	180
180	0.8	200
	1.3	196
200	0.8	205
	1.3	215
220	0.8	221
	1.3	230
240	0.8	239
	1.3	251

　　综上所述，当防火分区长度较小时，需要设置至少同时允许两人通过（即 1.3m 宽）的检修通道才能满足人员的疏散，当防火分区长度较大时，较大的检修通道宽度反而会使疏散人员在爬梯的位置拥堵，不利于人员疏散。5.2.1 节确定的电缆舱室可用安全疏散时间为 220s，而小于等于 200m 防火分区的必需安全疏散时间最大值为 215s。结合工程经济成本考虑，建议电缆舱室防火分区长度取值为 180～

200m,检修通道宽度取值为 1.3m 左右。

5.4　本 章 小 结

本章以城市综合管廊电缆舱室无交叉段与垂直十字交叉段为研究对象,对电缆舱室火灾特性与人员疏散进行了研究,得出了以下结论。

(1)通过研究城市综合管廊无交叉段火灾特性,得到了城市综合管廊无交叉段不同通风风速下烟气蔓延情况、能见度情况、温度场情况、CO 体积浓度情况,以及不同通风风速下烟气逆流长度和不同火源功率下的临界风速,同时通过对 1.5m/s 临界风速的研究,得到了电缆舱室无交叉段可用安全疏散时间,得出的主要结论如下:

①1.5m/s 纵向通风风速下,50s 时烟气开始产生逆流现象,1050s 时烟气逆流到上游进风口位置。人眼高度处最高温度为 750℃。电缆舱室下游温度明显高于上游同一位置的温度,上游距火源 30m 位置的最高温度为 230℃,下游距火源 30m 位置的最高温度为 650℃,上游距火源 60m 位置的最高温度为 155℃,下游距火源 60m 位置的最高温度为 420℃。人眼高度处 CO 体积浓度最高值为 0.23%。上游距火源 30m 位置的 CO 体积浓度最高值为 0.2%,下游距火源 30m 位置的 CO 体积浓度最高值为 0.21%,上游距火源 60m 位置的 CO 体积浓度最高值为 0.16%,下游距火源 60m 位置的 CO 体积浓度最高值为 0.215%。

②2m/s 纵向通风风速下,250s 时烟气开始产生逆流现象,且烟气无法逆流到上游进风口位置。人眼高度处最高温度为 700℃。上游距火源 30m 位置的最高温度为 180℃,下游距火源 30m 位置的最高温度为 670℃,上游距火源 60m 位置的最高温度为 115℃,下游距火源 60m 位置的最高温度为 430℃。人眼高度处 CO 体积浓度最高值为 0.185%。上游距火源 30m 位置的 CO 体积浓度最高值为 0.18%,下游距火源 30m 位置的 CO 体积浓度最高值为 0.225%,上游距火源 60m 位置的 CO 体积浓度最高值为 0.14%,下游距火源 60m 位置的 CO 体积浓度最高值为 0.22%。

③1.5m/s 和 2m/s 通风风速下温度变化情况:纵截面人眼位置处最高温度降低 50℃,上游 30m 横截面最高温度降低 50℃,上游 60m 横截面最高温度降低 40℃,下游 30m 横截面最高温度升高 20℃,下游 60m 横截面最高温度升高 10℃。CO 体积浓度变化情况:纵截面人眼位置最大 CO 体积浓度降低 0.045 个百分点,上游 30m 横截面最大 CO 体积浓度降低 0.02 个百分点,上游 60m 横截面最大 CO 体积浓度降低 0.02 个百分点,下游 30m 横截面最大 CO 体积浓度升高 0.015 个百分点,下游 60m 横截面最大 CO 体积浓度升高 0.005 个百分点。

④火源功率为 1.2MW 时,临界风速在 1.6~1.8m/s;火源功率为 1.4MW 时,临界风速在 1.8~2m/s;火源功率为 1.8MW 时,临界风速在 2~2.2m/s;火源功率为 2MW 时,临界风速在 2.2~2.4m/s。

⑤当电缆舱室一个防火分区中部发生火灾时,舱室上游可用安全疏散时间为1020s,舱室下游可用安全疏散时间为 220s。

(2)通过研究城市综合管廊电缆舱室垂直十字交叉段火灾特性,分析了交叉段上下层电缆舱室分别起火工况下的烟气蔓延情况、能见度情况、温度场情况、CO体积浓度情况,得出的结论主要如下:

①下层电缆舱室交叉位置起火工况下,由于烟气会沿着检修口蔓延到上层电缆舱室,下层电缆舱室始终不会发生烟气回流现象。80s 时下层电缆舱室的烟气前锋蔓延到下层出风口位置,112s 时上层电缆舱室的烟气前锋蔓延到上层出风口位置。

②下层电缆舱室交叉位置起火工况下,下层电缆舱室人眼高度处最高温度为350℃,上层电缆舱室人眼高度处最高温度为 100℃。下层电缆舱室上游进风口到距火源 15m 之间温度接近常温 20℃。下层电缆舱室人眼高度处 CO 最大体积浓度为 0.02%,上层电缆舱室人眼高度处 CO 最大体积浓度为 0.06%。

③上层电缆舱室交叉位置起火工况下,由于受到下层电缆舱室纵向风速的影响,烟气始终没有蔓延至下层电缆舱室。62s 时烟气填满上层电缆舱室扩大部位,120s 时顶棚位置烟气前锋蔓延至下游出风口处,200s 时烟气填满上层电缆舱室整个区段。

④上层电缆舱室交叉位置起火工况下,下层电缆舱室人眼高度处最高温度为60℃,上层电缆舱室人眼高度处最高温度为 350℃。下层电缆舱室人眼高度处 CO最大体积浓度很小,上层电缆舱室人眼高度处 CO 最大体积浓度为 0.082%。

(3)运用 Pathfinder 软件研究了城市综合管廊电缆舱室无交叉段单个防火分区人员疏散特性,对比了电缆舱室人员疏散的必需安全疏散时间与可用安全疏散时间,得到的主要结论如下:

①引入了等效时间的概念,用 Pathfinder 软件中的楼梯代替爬梯进行研究,在模拟中控制单个疏散人员通过楼梯的时间等于通过爬梯的时间,通过对不同楼梯参数下单个人员进行疏散,等效研究得到了楼梯参数:楼梯坡度为 40°,梯步高度为0.18m,梯步宽度为 0.65m。

②当防火分区长度为 160m 和 180m 时,1.3m 宽检修通道的人员疏散时间要小于 0.8m 宽检修通道,但当防火分区长度为 200m、220m 和 240m 时,1.3m 宽检修通道的人员疏散时间反而大于 0.8m 宽检修通道。因此,当防火分区长度较小时,需要设置至少同时允许两人通过宽度(1.3m 宽)的检修通道才能满足人员的疏

散,当防火分区长度较大时,较大的检修通道宽度反而会使疏散人员在爬梯的位置拥堵,不利于人员疏散。

③电缆舱室可用安全疏散时间为 220s,小于等于 200m 防火分区的必需安全疏散时间最大值为 215s。结合工程经济成本考虑,建议电缆舱室防火分区长度取值为 180~200m,检修通道宽度取值为 1.3m 左右。

④0.8m 和 1.3m 两种检修通道宽度下,左侧门与右侧门的通过率几乎相同,疏散人员通过楼梯和夹层到达疏散门的最快时间约为 20s。

第6章　城市综合管廊低碳建造

温室气体导致的气候变暖对人类生存和生物多样性构成了严重威胁,因此走绿色低碳发展道路已成为世界各国的共识。在城市化进程加速的背景下,综合管廊作为城市重要的基础设施之一,其建造和使用过程中耗费了大量能源,同时也产生了大量温室气体。因此,科学计算城市综合管廊全生命周期的碳排放量,寻求降低全生命周期碳排放量的对策,对于实现减排承诺非常必要和迫切。

6.1　低碳建造基础理论

本节将从三个方面对低碳建造基础理论进行叙述。首先对全生命周期的发展、定义、理论框架、特点及必要性进行概述,然后对四种碳排放计算的基本方法展开叙述。

6.1.1　全生命周期评价方法概述

1. 全生命周期评价方法的发展

全生命周期评价(life cycle assessment,LCA)最早于 20 世纪 60 年代末至 70 年代初在美国诞生。1969 年,美国可口可乐公司进行了一项标志性的研究,对其产品的外包装问题进行了探索。他们试图对不同材质的外包装在整个生命周期过程中的能源消耗以及向外界排放的污染物进行定量研究。这项研究涉及 40 多种外包装材质,分析计算了每种材质在全生命周期过程中的材料用量及能源使用情况。随后,美国环保局针对此项研究提出了初期全生命周期评价方法的技术框架。

在 20 世纪 70 年代,石油成为各国争夺的重要能源,全生命周期评价方法在能源研究和分析中被广泛应用。到了 20 世纪 80 年代末,随着环境恶化、人类对生存状况的要求不断提高及节能意识的逐渐增强,世界各国开始普遍关注生命周期评价的研究成果,从而推动了全生命周期评价方法的迅速发展。进入 20 世纪 90 年代,全生命周期评价方法已经相当成熟,一些标准和规范开始逐渐形成。1990 年,国际环境毒理学与环境化学协会(Society of Environmental Toxicology and Chemistry,SETAC)召开了国际研讨会,首次提出了"全生命周期评价"的概念。随后,1993 年,美国环保局出版了《清单分析的原则与指南》,对全生命周期清单分析的框架进行了系统规划,对全生命周期评价的推广和使用起到了重要的推动作用。

我国对全生命周期评价的研究相对较晚,大约始于 20 世纪 90 年代,初期主要以理论研究为主。随后我国陆续推出一系列国家推荐性标准,包括《环境管理 生命周期评价 原则与框架》(GB/T 24040—2008)、《环境管理 生命周期评价要求与指南》(GB/T 24044—2008)、《建筑碳排放计算标准》(GB/T 51366—2019)。

作为一种产品环境特征分析和决策支持根据,全生命周期评价方法在理论上已经趋于成熟,在国外得到广泛的应用,在国内也正在逐渐兴起。国内的全生命周期评价研究工作虽然起步较晚,但是发展很快。国家自然科学基金委员会已经批准了多项关于全生命周期评价的研究项目,这些项目涵盖了从理论方法到实际应用的广泛领域。未来,随着研究深入,LCA 有望在更多领域发挥重要作用,进一步推动我国的绿色低碳发展。

2. 全生命周期评价方法的定义

全生命周期评价是将某一产品或产品系统在其生命周期内对环境的影响进行的系统和定量的评价。一种产品从原材料开采到加工、制造、包装、运输,然后经过使用、维护,最终以废弃物的方式进行处理或回收循环再利用,整个过程称为产品的全生命周期。全生命周期的每个阶段都会有能源的消耗和污染物的排放,因此能源的节制与污染的预防贯穿于全生命周期整个过程中。关于全生命周期评价,以下两种定义最为通用。

1973 年国际环境毒理学与环境化学协会的定义:全生命周期评价是在确定和量化某个产品及其过程或者相关活动的能源、材料、排放等环境负荷基础上,评价其对环境的影响,从而找出和确定改善环境影响的方法和机会。评价内容应该包括产品、过程和相关活动的整个生命周期,即原材料的获取、运输、加工制造和排放、使用维护及最后的处理等生命周期阶段。

1997 年,国际标准化组织在总结世界先进环境管理经验的基础上,制定了全生命周期评价的原则与框架,并指出全生命周期评价是将某一产品在其生命周期内的输入与输出与潜在环境影响做出的汇编和评价,即将材料构件生产、规划与设计、建造与运输、运行与维护、拆除与处理全循环过程中物质能量流动所产生的对环境影响的社会效益、经济效益和环境效益进行综合评价,包括人类健康、资源消耗及生态系统健康三方面。

尽管不同的定义表述不尽相同,但各个机构采用的评价内容与框架基本一致,全生命周期评价是对贯穿产品生命周期全部过程的环境因素和潜在影响的研究。

3.全生命周期评价的理论框架

关于全生命周期评价的理论框架,各国机构的研究结果基本一致。ISO 14040系列标准制定的理论框架将全生命周期评价划分为四个部分,分别为目的和范围确定、清单分析、影响评价、结果解释,如图 6-1 所示

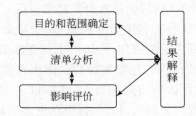

图 6-1　全生命周期评价的理论框架

1) 目的和范围确定

目的和范围确定是全生命周期评价的第一步,也是清单分析、影响评价和结果解释的基础和出发点。目的确定旨在明确进行全生命周期评价研究的原因、可能的应用以及研究结果所面向的听众。范围确定则是对全生命周期评价的深度、广度和详细度的框定,应能够充分满足研究目标的要求,范围设定要适当,设定过小则得出的结论不可靠,设定过大则会增加后面三步的工作量。目的和范围确定主要考虑以下几个问题:确定研究目的,明确所研究的产品系统,界定系统边界,定义功能单位、数据类型及质量要求等。例如,研究目的可以是对不同设计方案进行比选,或者是在一定条件下如何使建筑能源消耗达到最低等;研究范围是确定研究对象或领域的宽度和深度,并达到与研究目的保持一致的要求。

2) 清单分析

清单分析是全生命周期评价中至关重要的一步,它通过收集和整理数据,对研究对象或活动在整个生命周期内的输入和输出过程进行定量研究,最终编制涉及投入产出数据的清单。清单分析涵盖一个对象或活动的所有阶段,包括能源获取、原材料加工、建造运输、回收再利用、维护以及最终处理等。在清单分析中,通常输入数据为能源或原材料,而相应的输出数据包括产品或废物排放等。

3)影响评价

影响评价是全生命周期评价中最为重要的环节,旨在量化研究对象或活动在整个生命周期中的影响因素。这需要对清单分析阶段的数据进行分类、量化和评估,将清单数据与环境影响联系起来。具体而言,首先需要对输入数据进行分类,然后建立计算模型,通过特定因子将清单数据与影响结果相关联,以得出定量结论。这样可以确定在整个过程中能源消耗或废物排放最多的阶段,并提出针对性

的改进建议,最终确定各种评价因素对环境的影响程度。

4)结果解释

全生命周期结果解释的目的是在进行前几个阶段研究后,识别和评价整个生命周期中资源、能源和污染物相关的环境负荷减少的可能性或途径,尽可能在客观分析结果、提出结论和解释结果局限性的基础上给出建议,建议应力求易于理解、完整一致。

4. 全生命周期评价方法的特点

全生命周期评价建立在全生命周期概念和环境数据的基础上,从而可以充分地、系统地阐述与产品系统相关联的环境影响,进而辨别和寻找改善环境的途径和时机。作为不同于传统环境影响的全生命周期评价,有以下几个特点:

(1)面向的是产品或产品系统。

(2)是对产品或服务从"摇篮"到"坟墓"全过程的评价。

(3)是一种定量化的、系统性的评价方法。

(4)是一种开放性的评价体系。

5. 全生命周期评价的必要性

建筑作为一种产品,在从规划设计到拆除清理的整个过程中会产生大量的能源消耗和碳排放,对环境造成不同程度的影响。因此,从全生命周期的角度研究建筑碳排放的计算并找到减少碳排放的对策十分必要。目前建筑碳排放的研究主要集中在建筑材料生产运输及施工阶段,却忽视了建筑全生命周期其他阶段对环境的影响。全生命周期评价在应用于建筑碳排放计算时显得尤为重要,具体体现在以下两个方面:

(1)全生命周期评价是对产品系统的全面评价。它克服和避免了传统建筑环境评价的片面性和局部性,对产品系统的环境影响进行综合评价有助于识别产品全生命周期各阶段的资源、能源消耗及环境排放情况,准确找出能够降低资源消耗和环境排放的机会,同时清晰呈现各阶段环境影响的重要性。全生命周期评价也强调产品在时间轴上的确切意义,不仅包括规划设计、施工到使用运营,还延伸至建筑材料的开采、生产、运输等过程以及建筑拆除和资源回收再利用。因此,建筑行业应该重视原材料生产工艺的改进和采购对环境的影响,并尽可能就近取材以减少建材运输所产生的能耗和碳排放,选择可再循环利用的建材等一系列节能减排措施。

(2)全生命周期评价是定量化且系统化的评价。它全面系统地研究和分析产品系统在全生命周期过程中每一阶段的资源和能源输入、废弃物排放情况及其对环境的影响,最终以量化数据展示产品系统全生命周期各阶段和各种环境影响因素的环境负荷。在建筑全生命周期评价的过程中,通过定量计算可以更准确地测量建筑工程项目的碳排放量,进而确定主要碳排放阶段,提出相应的减排策略。

因此,在建筑碳排放研究中,全生命周期评价的重要性不容忽视,应引起足够的重视。

6.1.2　碳排放计算基本方法

由于建筑工程碳排放的数据很难获得,且缺乏统一的计算标准,对于碳排放的计算,我国还处于起步阶段。目前,国际上碳排放的计算主要有实测法、物料衡算法、过程分析法、投入产出法四种。这四种方法是获得气体排放量的主要方法,它们各有优缺点,又相互补充,应根据不同的计量需要选择不同的计算方法。

1. 实测法

实测法是指采用标准计量工具和试验手段对碳排放源进行直接监测而获得相应数据的方法,环保部门通过测量排放气体的流速、流量和浓度来计算碳排放总量,其计算公式为

$$G = KQC \tag{6-1}$$

式中,G 为 CO_2 排放量;K 为单位排放系数;Q 为空气流量;C 为 CO_2 浓度。

从理论上讲,实测法的计量结果来自对碳排放源的直接监测,因此能够代表真实的碳排放水平,具有较高的可靠性;然而,在实际应用中,由于监测条件、计量仪器和成本等多方面的限制,实测法很难广泛应用于一般性的碳排放分析。在宏观层面上,实测法主要可用于地域性的逐时 CO_2 浓度监测;而在微观层面上,实测法主要可用于特定生产过程的碳排放系数测量,如化石能源燃烧和含碳化合物的化学反应过程等。采用实测法得出的资源与能源碳排放系数是进行碳排放量化分析的基础性数据,直接影响其他量化方法的准确性。因此,通过技术手段提高实测法的计量精度具有重要意义。

目前,实测法在美国烟气监测中的应用效果显著。我国也应用实测法解决了一些监测问题,但缺乏长期的维持使用,仍有一些问题尚未解决。因此,通过实测法对 CO_2 进行连续监测不太符合我国的基本国情。

2. 物料衡算法

物料衡算法遵守质量守恒定律,是一种定量分析生产过程中物料使用情况的科学计量方法,即在整个流程中流入的物质能量等于流出的物质能量,它满足如下公式:

$$\sum G_{投入} = \sum G_{产品中的碳} + \sum G_{损失的碳} \qquad (6\text{-}2)$$

物料衡算法把整个生产过程中的原材料使用、能源的消耗以及工艺流程的采用都建立在保护环境的基础之上，科学、有效地研究整个生产过程中废弃物的排放。

物料衡算法不仅适用于整个生产系统的碳排放计算，也适用于部分过程的碳排放计算，目前大多数碳排放量的估算以及基础数据的获取都采用这种方法。然而，对于综合管廊碳排放的计算，需要对其全生命周期内的投入量和产出量进行全面的跟踪统计，这需要相当大的工作量，也较为复杂。

3. 过程分析法

过程分析法是根据碳排放源的活动数据以及相应过程的排放系数进行碳排放量化的方法。具体而言，过程分析法是将某一生产过程按工序流程拆分，各生产环节的碳排放量以实测碳排放系数与相应活动数据的乘积表示，进而可根据各环节的碳排放量之和推算全过程的碳排放量。

$$E = \sum (\varepsilon \times Q) \qquad (6\text{-}3)$$

式中，E 为各生产过程的碳排放总量；ε 为各生产过程的排放系数；Q 为各生产过程的活动数据。

过程分析法以碳排放系数作为计算基础，因此也称为排放系数法。该方法概念简单，计算方便，并且可以针对具体过程进行详细的碳排放拆解和分析，在碳排放量化中得到广泛应用。需要说明的是，在碳排放过程拆分时，受到客观条件和计算成本等方面的限制，不可避免地会忽略某些次要环节，从而导致计算系统边界定义不完整，为过程分析法的结果引入截断误差。例如，在水泥生产的碳排放计算中，过程分析法可以根据能源使用和石灰石分解的实测排放系数考虑矿石开采、原料煅烧、粉磨等环节，但很难考虑到生产厂建造和设备损耗等上游环节的碳排放量，从而造成计算误差。

4. 投入产出法

1）基本概念

投入产出法是一种自上而下的计算方法，它首先把一定时期内部门投入的来源和产出的去向建立一张表格，然后根据这张投入产出表格建立数学模型，计算消耗基数，采用此基数对经济行为进行预测与分析。该方法最早由美国经济学家提出，是目前已经成熟的一种经济计量评价模型，其广泛应用于研究国民经济各大部类间、积累与消费间的比例关系、预测各个部门的投入量和产出量。通过分析国民经济各部门之间、各部门内部或企业内部组织之间生产和消费相互依存的关系，编制投入产出综合平衡表,推测预测目标的变动方向和程度。

投入产出法用于碳排放的计算首先需要获取产品或各部门内部 CO_2 排放的数据,然后通过投入产出数学模型计算整个生产链上最终用户获得产品或接受服务而引起的 CO_2 排放量。但是基于投入产出法进行碳排放计算时仅使用部门或者组织的平均排放强度数据,对于生产过程的大量数据量搜集十分困难,而且投入产出法对于具体的过程一般不做深入分析,计算结果存在较大的不确定性,因此该方法较适用于宏观层面的计算。

投入产出法满足以下基本假定:

(1)"纯部门"假定,每个产业部门只生产一种特定的同质产品,并具有单的投入结构,只用一种生产技术方式进行生产。

(2)"稳定性"假定,直接消耗系数在制表期内固定不变,忽略生产技术进步和劳动效率提高的影响。

(3)"比例性"假定,部门投入与产出成正比,即随着产出的增加,所需的各种消耗(投入)等比例增加。

2)基本理论

典型的经济投入产出表如表 6-1 所示,表中 X_{ij} 代表生产部门产品 j 直接消耗的 i 部门产品的量。

表 6-1 经济投入产出表

投入	中间产品(X_{ij})				最终产品(Y)	总产品(X)
	部门 1	部门 2	⋯	部门 n		
部门 1	X_{11}	X_{12}	⋯	X_{1n}	Y_1	X_1
部门 2	X_{21}	X_{22}	⋯	X_{2n}	Y_2	X_2
⋮	⋮	⋮		⋮	⋮	⋮
部门 n	X_{n1}	X_{n2}	⋯	X_{nn}	Y_n	X_n
初始投入(N)	N_1	N_2		N_n	—	—
总投入(X)	X_1	X_2	⋯	X_n	—	—

价值型投入产出表具有行平衡关系"中间产品+最终产品=总产品",即

$$\sum_{j=1}^{n} X_{ij} + Y_i = X_i, \quad i=1,2,\cdots,n \tag{6-4}$$

同时具有列平衡关系"中间投入+初始投入=总投入",即

$$\sum_{i=1}^{n} X_{ij} + N_j = X_j, \quad j=1,2,\cdots,n \tag{6-5}$$

3)碳排放投入产出模型

碳排放投入产出分析以价值型投入产出模型为基础,通过引入碳排放系数矩

阵,对经济活动中伴随的碳排放流动情况进行研究。碳排放投入产出分析需满足传统投入产出模型的一般假定,并认为部门产品的碳排放系数具有相对稳定性,即在一定研究时期内,生产单位部门产品的碳排放量是平均化和相对恒定的。碳排放投入产出表如表 6-2 所示。

表 6-2　碳排放投入产出表

投入	部门	中间产品				最终产品	总产品
		部门 1	部门 2	$\cdots$	部门 n		
经济投入	部门 1	X_{11}	X_{12}	$\cdots$	X_{1n}	Y_1	X_1
	部门 2	X_{21}	X_{22}	$\cdots$	X_{2n}	Y_2	X_2
	$\vdots$	$\vdots$	$\vdots$		$\vdots$	$\vdots$	$\vdots$
	部门 n	X_{n1}	X_{n2}	$\cdots$	X_{nn}	Y_n	X_n
碳排放投入	部门 1	d_{11}	d_{12}		d_{1n}	F_1	D_1
	部门 2	d_{21}	d_{22}		d_{2n}	F_2	D_2
	$\vdots$	$\vdots$	$\vdots$		$\vdots$	$\vdots$	$\vdots$
	部门 n	d_{n1}	d_{n2}		d_{nn}	F_n	D_n

图中部门 i 总产品对应的本部门直接碳排放量 D_i 的计算公式为

$$D_i = \sum_{p=1}^{m_1} (\mathrm{EC}_{pi} \times f_p) + \sum_{q=1}^{m_2} (\mathrm{EN}_{qi} \times f_q) \tag{6-6}$$

式中,m_1、m_2 分别为部门 i 能源与非能源碳排放类型数;EC_{pi} 为部门 i 对第 p 种能源的消耗量;EN_{qi} 为部门 i 在第 q 种工业生产过程的总量;f_p 为第 p 种能源的碳排放强度;f_q 为第 q 种工业生产过程的碳排放强度。

由碳排放投入产出表的行平衡关系可得

$$\sum_{j=1}^{n} d_{ij} + F_i = D_i, \ i = 1, 2, \cdots, n \tag{6-7}$$

6.2　城市综合管廊全生命周期碳排放计算模型构建

本节基于全生命周期评价理论,旨在建立综合管廊全生命周期的碳排放计算模型。将综合管廊的整个生命周期划分为建材生产、建材运输、建造施工、使用维护和拆除清理五个阶段,以便准确定义不同阶段的碳排放来源特点。通过广泛查阅国内外文献、分析大量数据,获取化石能源、电力、主要建材等碳排放因子。在此基础上,利用排放系数法建立了管廊全生命周期碳排放计算模型,同时确定了综合管廊全生命周期的碳排放评价指标。

6.2.1　全生命周期碳排放源界定

碳排放来源即碳源,指导致温室气体排放的各种过程或活动。地球上燃烧各种燃料或进行某些化学反应都会释放大量 CO_2 气体,这些气体进入大气层,增加了大气中的 CO_2 浓度,导致温室效应。简而言之,碳源指向大气中排放 CO_2 的来源。

管廊全生命周期构成一个系统,系统中资源利用、能源消耗等过程均会导致 CO_2 排放到大气中。全生命周期的主要耗能阶段通常包括规划设计、建材生产、建材运输、建造施工、使用维护和拆除清理六个阶段。由于各个阶段的能源消耗差异,下面将详细分析各阶段的碳排放来源。

1. 规划设计阶段

规划设计阶段的碳排放主要指设计单位在接受设计任务书后,完成管廊施工图纸所消耗的能源产生的碳排放。尽管规划设计阶段能源消耗所产生的碳排放量较少,甚至可以被忽略,但作为管廊全生命周期的重要阶段,其对后续阶段的碳排放影响十分显著。管廊设计中确定的布置位置、长度、埋深、截面形式、保温层厚度等参数与管廊碳排放密切相关。

鉴于规划设计阶段碳排放量相对较少,在整体碳排放中所占比例较低,本节不将规划设计阶段产生的碳排放纳入综合管廊全生命周期考虑范围内,但是设计阶段的影响却十分深远,不容忽视。

2. 建材生产阶段

建材生产阶段的碳排放是指建筑材料在从原材料开采、加工制造到形成最终成品的过程中所产生的碳排放,而非建材使用过程中产生的碳排放。在原材料开采和建筑材料生产过程中,由于消耗化石能源(如煤、石油、天然气以及电能)以及生产工艺引发的化学变化,会产生大量温室气体,主要是 CO_2 等气体,对全球气候变化和环境造成不可忽视的影响。因此,在考虑建筑材料的生产过程碳排放时,需要综合考虑原材料开采、加工生产等环节引发的温室气体排放。

3. 建材运输阶段

建材运输阶段的碳排放是指建筑材料在工厂生产完成后,经由运输工具运送至施工现场的过程中所产生的碳排放。这一阶段主要受到运输工具使用的能源消耗影响,如燃料的燃烧所释放的温室气体。运输过程中不可避免地会产生 CO_2 等温室气体,对环境造成潜在影响。因此,在考虑建筑材料的全生命周期碳排放时,必须综合考虑运输阶段的碳排放量,以便评估并采取有效的措施来减少建筑材料运输对环境的影响。

4. 建造施工阶段

建造施工阶段的碳排放主要是指从开始建设到竣工整个过程中由车辆和机械消耗化石能源以及现场照明消耗电能而产生的碳排放。其中,机械设备在建造施工阶段的能源消耗所导致的碳排放是主要来源之一。施工现场常常需要大量的机械设备和工具来进行施工作业,这些设备使用燃油或者电能,从而释放出大量的温室气体,主要是 CO_2。因此,在考虑管廊工程的全生命周期碳排放时,需要特别关注建造施工阶段对环境的影响,并采取相应措施来减少这一阶段的碳排放量,以实现可持续建设的目标。

5. 使用维护阶段

使用维护阶段是管廊工程全生命周期中持续时间最久的阶段,其碳排放量占比相对较高,可以分为管廊使用阶段和维护阶段两部分。

管廊使用阶段的碳排放主要来自管廊投入运营后,为满足日常运营需求而消耗能源所产生的碳排放,包括照明、通风、采暖等方面的能源消耗。而管廊维护阶段的碳排放主要源自对综合管廊进行改造、修缮等基本维护工作时消耗的能源所产生的碳排放。在整个使用维护阶段中,碳排放量的减少和控制至关重要,需要采取相应的可持续性策略和措施来降低碳排放量,以实现管廊工程的环保目标。

6. 拆除清理阶段

拆除清理阶段是综合管廊工程全生命周期中的重要阶段,其碳排放主要包括几个方面。首先,综合管廊的拆除解体会消耗大量能源,这一过程产生的碳排放是拆除清理阶段的重要碳排放源。其次,废弃物在处理和清理过程中需要进行运输,运输过程也会产生碳排放。此外,废弃物回收利用形成再生材料的过程中同样会消耗能源产生碳排放。在综合管廊工程的拆除清理阶段,应采取有效措施减少碳排放,促进资源循环利用,从而实现可持续发展和环境保护的双重目标。

6.2.2　碳排放因子

碳排放因子(carbon emission factor,CEF)是指生产或消耗单位质量物质伴随的温室气体的生成量,是表征某种物质温室气体排放特征的重要参数。碳排放因子将管廊全生命周期中能源、建筑材料、机械设备台班等的使用量与碳排放量联系起来,因此,对碳排放因子进行分析是计算管廊碳排放量的关键环节。碳排放因子具体可以用碳的量表示，也可以用 CO_2 的量表示，本书中在未注明情况下，碳排放因子均指的是 CO_2 排放因子。

　　碳排放因子是一种背景数据，也称为碳排放系数，来源于各类数据库、政府组织、专业机构和相关文献。常用的全生命周期评价数据库如表 6-3 所示。考虑到不同地区的能源结构、排放水平和生产工艺的差异，同种材料在不同区域的碳排放因子可能存在巨大差异，在开展全生命周期评价研究时，应首要选择代表当地权威的数据库，它更能代表本区域实际排放水平，保证数据的准确性和可比性，如果不能满足需要，再考虑其他地区数据库。碳排放因子代表能源或产品在生产和流动过程中的排放水平，根据研究区域、商品类型和时间的差异，不同研究采用的碳排放因子往往差异巨大，给碳排放研究带来巨大的不确定性。根据联合国政府间气候变化专门委员会（Intergovernmental Panel on Climate Change，IPCC）的提议，各国应利用自己的经同行评议的公开出版文献，这样可以准确反映各国的做法，当缺乏相关文献时，可使用 IPCC 缺省因子或其他国家或地区的碳排放因子数值。

表 6-3　常用的全生命周期评价数据库

国家	数据库名称	适用边界
欧盟	European Platform on Life Cycle Assessment	欧洲
瑞典	SPINE CPM LCA Database	世界范围
丹麦	EDIP、LCA food	丹麦
荷兰	IVAM LCA Data、Dutch Input Output	荷兰
美国	Franklin USLCI	美国
瑞士	Ecoinvent	世界范围
瑞士	BUWAL 250	瑞士
瑞士	Swiss Agricultural Life Cycle Assessment Database	瑞士
德国	German Network on Life Cycle Inventory Data、GaBi	德国
泰国	Thailand LCI Database Project	泰国
中国	CLCD	中国
日本	National Institute for Environmental Studies	日本
澳大利亚	Australian Life Cycle Inventory Data Project	澳大利亚
加拿大	Canadian Raw Materials Database	加拿大
美国	US LCI Database Project	美国

　　对碳排放因子进行试验测定是一项耗时耗力的工作，由于个人能力及基础数据的限制，大部分国内外论文中使用的碳排放因子并非通过试验测定获得，而是通

过搜集整理研究机构和学者的数据,经过筛选、总结、归纳、计算后加以应用,为研究提供了便利。此外,针对建筑材料的碳排放因子进行试验测定也是困难且不切实际的,最佳方法是跟踪调查建筑材料生产企业的生产过程。国内外机构对建筑材料碳排放因子的研究并不多见,因此本书主要基于大量文献和统计资料,推算出我国主要化石能源、电力、建材和施工机械等领域的碳排放因子。

1. 化石能源碳排放因子

化石能源的主要成分是碳化合物,其燃烧后会产生大量 CO_2,相对于燃料含碳量多少来说,燃烧条件并不是很重要。从管廊全生命周期碳排放来源的分析中可以看出,化石能源在工程中的各个阶段都有涉及,因此化石能源的碳排放因子对计算碳排放量来说至关重要。

1) 煤炭碳排放因子

作为全球储存量最丰富、分布最广泛的一种化石能源,煤炭备受国内外研究机构的关注。许多国外研究机构已对煤炭碳排放因子进行了详细测定,其中以 IPCC 的研究尤为详尽。IPCC 对原煤、精洗煤、焦炭和其他煤炭产品等不同种类煤的碳排放因子进行了测定,并分别给出了具体数值。其他国外研究机构从综合角度考虑,计算出了煤炭的综合碳排放因子。在我国,煤炭作为一种重要的化石能源,也受到研究机构的密切关注,研究机构从综合煤的碳排放因子角度进行研究,为我国的煤炭资源利用和碳排放管理提供了重要参考。各个机构的测定结果如表 6-4 所示。

表 6-4　煤炭碳排放因子

来源	碳排放因子/$(kgCO_{2eq}/kg)$
中国工程院	2.493
国家生态环境部温室气体控制项目	2.743
国家科学技术委员会气候变化项目	2.662
国家发展和改革委员会能源研究所	2.743
国家科学技术委员会北京项目	2.405
IPCC 国家温室气体排放清单指南	2.761
DOE/EIA(美国能源部)	2.574
IEEJ(日本能源经济研究所)	2.772

2) 石油碳排放因子

石油作为全球广泛应用的一种化石能源,在其勘探、开采和加工过程中会产生大量碳排放。由于石油资源的开采难度和加工技术不同,不同机构对其碳排放因子的测定结果存在较大差异。例如,中国工程院和美国能源部的测定结果比其他机构偏低,这表明石油碳排放因子测定的复杂性和多样性,也凸显了不同研究机构在该领域的努力和贡献。各个机构的测定结果如表 6-5 所示。

表 6-5　石油碳排放因子

来源	碳排放因子/(kgCO$_{2eq}$/kg)
中国工程院	1.980
国家生态环境部温室气体控制项目	2.138
国家科学技术委员会气候变化项目	2.134
国家发展和改革委员会能源研究所	2.167
国家科学技术委员会北京项目	2.137
IPCC 国家温室气体排放清单指南	2.149
DOE/EIA(美国能源部)	1.753
IEEJ(日本能源经济研究所)	2.148

3) 天然气碳排放因子

天然气也是普遍使用的化石能源之一,由于其燃烧后无废渣、废水产生,且具有使用安全、清洁、热值高等优点,近年来使用量不断增加。不同的天然气含碳量不同,例如,现场喷焰燃烧的天然气通常含有大量的非甲烷碳氢化合物。天然气的含碳量决定了天然气的碳排放因子,国内外不同的研究机构对天然气的碳排放因子进行了测定,结果如表 6-6 所示。

表 6-6　天然气碳排放因子

来源	碳排放因子/(kgCO$_{2eq}$/kg)
中国工程院	1.503
国家生态环境部温室气体控制项目	1.628
国家科学技术委员会气候变化项目	1.500
国家发展和改革委员会能源研究所	1.624
国家科学技术委员会北京项目	1.657
IPCC 国家温室气体排放清单指南	1.643
DOE/EIA(美国能源部)	1.426
IEEJ(日本能源经济研究所)	1.646

4) 其他化石能源碳排放因子

通过对国内外不同机构能源碳排放因子的测定结果进行整理分析,发现对煤炭、石油、天然气等常规能源进行测定的研究机构比较多,对燃气、燃料油、液化石油气等进行测定的机构较少。其中,IPCC 的研究比较详细具体,对燃气、燃料油、液化石油气等碳排放因子进行了测定,其他化石能源的碳排放因子可选取 IPCC 的测定数据,详见表 6-7。

表 6-7　其他化石能源碳排放因子

能源	来源	碳排放因子/($kgCO_{2eq}$/kg)
汽油	IPCC 国家温室气体排放清单指南	2.031
煤油	IPCC 国家温室气体排放清单指南	2.094
柴油	IPCC 国家温室气体排放清单指南	2.171
液化石油气	IPCC 国家温室气体排放清单指南	1.848
燃料油	IPCC 国家温室气体排放清单指南	2.270
燃气	IPCC 国家温室气体排放清单指南	1.302

2. 电力碳排放因子

尽管电力在使用过程中不会排放温室气体,被称为清洁能源,但在生产阶段会排放温室气体。电力的碳排放因子主要指的是电力生产阶段的碳排放量,与化石能源不同,电力碳排放因子计算时考虑了多种气体,包括 CO_2、CH_4 和 N_2O 等。不同发电方式产生的碳排放差异巨大,主要的发电方式有火力发电、风力发电、水力发电和核能发电四种。水力和风力发电利用水和风能,属于清洁能源,在整个发电过程中几乎不产生碳排放。然而,我国大部分电力仍依赖火力发电,该过程消耗大量煤炭、汽油和柴油等化石能源,将化学能和热能转换为电能,从而产生大量 CO_2。这种情况凸显了各种发电方式的碳排放差异,也提醒我们在电力生产中推动更多清洁能源使用的重要性。

我国各大电网的电力组成和碳排放因子存在明显差异,不同地区的电网供电方式各异,影响着其碳排放水平。这种差异主要源自各地能源资源的分布和利用方式的不同,例如,在一些地区主要采用清洁能源(如水力和风力)发电,而在其他地区更多依赖于火力发电等化石能源。因此,了解不同电网的电力组成及碳排放因子对有效管理和优化碳排放至关重要。我国各区域电网碳排放因子如表 6-8 所示。

表 6-8　我国各区域电网碳排放因子

电网名称	覆盖地区	碳排放因子/[$kgCO_{2eq}$/(kW·h)]
华北地区电网	北京市、山东省、天津市、内蒙古自治区、河北省、山西省	0.7802

电网名称	覆盖地区	碳排放因子 /[kgCO$_{2eq}$/(kW·h)]
东北地区电网	辽宁省、吉林省、黑龙江省	0.7242
华东地区电网	上海市、福建省、安徽省、江苏省、浙江省	0.6826
西北地区电网	陕西省、甘肃省、新疆维吾尔自治区、青海省、宁夏回族自治区	0.6433
华中地区电网	河南省、湖北省、湖南省、江西省、四川省、重庆市	0.5802
南方地区电网	广东省、贵州省、广西壮族自治区、云南省	0.5772
海南地区电网	海南省	0.7297

3. 主要建筑材料碳排放因子

在建筑材料的物化过程中会产生温室气体排放,这一信息通常可以通过相关研究机构、组织公布的权威数据库、学术论文、行业年鉴以及企业公开数据等渠道获取。在国外一些发达国家,相关研究机构和组织已进行了长时间的研究,并构建了较为全面和完整的建筑材料数据库,如 Babi 和 Somapro 的建材数据库。然而,国内相关研究和权威数据相对较少,本书将从国内公开的相关学术论文和国家有关部门发布的统计年鉴中获取建筑材料清单数据,考虑到清单数据中与温室气体排放相关的输入和输出,结合全球变暖潜势,便可以得出不同建筑材料的 CO$_2$ 排放因子。这将有助于评估建筑材料在全生命周期中的温室气体排放,为减少建筑行业对气候变化的影响提供重要参考。

由于建筑材料的碳排放清单是从不同研究文献中获得的,在计算过程中,不同的研究者在全生命周期考察范围、能源统计方式等方面可能存在一些差异。因此,本书在借鉴已有的学术论文研究结果时考虑以下原则:①生命周期边界方面,将建材由"摇篮"到"大门"的过程分析结果作为清单结果,其他阶段碳排放不予考虑;②当能源统计方式不同时,优先选择以等价热值法计算的清单结果。根据以上原则,本书收集了钢材、混凝土、管材等城市综合管廊建设过程中常见建材的清单数据。

1) 钢材

在城市综合管廊工程中,钢材被广泛应用,并且其生产工艺相对复杂,包括铁矿石开采、选矿、烧结、高炉炼铁、炼钢、浇铸、压力加工等工艺过程,以及制氧、焦化及其他原料的制备等辅助工艺。钢材的生产过程中资源消耗和能耗密集,其冶炼方法主要包括转炉炼钢和电炉炼钢两种。此外,在城市综合管廊建设中,钢材的形式多种多样,如角钢、槽钢、无缝钢管等,不同的炼钢工艺和钢材形式会导致单位质量的碳排放不同。

　　根据国内外已有研究数据,建筑用钢材主要分为大型钢材、中小钢材、热轧钢筋和冷轧钢筋四类,根据生产工艺和用途进行分类,并分别计算其单位质量的能耗和 CO_2 排放量。能耗计算采用等价热值法,同时考虑了钢材的可回收性,需要对钢材的回收情况进行修正。以燕艳[95]研究的钢材碳排放因子为基础,进行修正后得到不同类型钢材的碳排放因子,详见表 6-9。

表 6-9　钢材单位能耗及碳排放因子

钢材类型	单位能耗/(kJ/kg)	碳排放因子/(kgCO_{2eq}/kg)	使用范围
大型钢材	57265	3.744	型钢等
中小钢材	46206	3.000	角钢、扁钢等
热轧钢筋	48437	3.154	螺纹钢、圆钢
冷轧钢筋	60101	3.939	冷拔钢丝

　　2)混凝土

　　混凝土是建筑工程中最常见、用量最大的建筑材料之一,主要为预拌商用混凝土。混凝土全生命周期温室气体排放主要涵盖原材料生产碳排放、原材料运输碳排放、混凝土商品生产碳排放以及混凝土运至施工现场的碳排放四个环节。许多学者已对混凝土全生命周期排放清单及计算模型进行了研究,王帅[96]提供了 C30、C40、C50、C60、C80、C100 共六种强度混凝土的排放清单;李小东等[97]考虑了混凝土拆除阶段,同样提供了六种强度混凝土的排放清单;俞海勇等[98]给出了 C20、C25、C30、C35、C40、C45、C50、C60 共八种强度混凝土的碳排放清单。综合考虑混凝土整个生命周期范围、优先采用等价热值法进行计算的清单结果等因素,本书选用俞海勇等给出的混凝土碳排放因子,详见表 6-10。

表 6-10　预拌混凝土碳排放因子

混凝土标号	碳排放因子/(kgCO_{2eq}/m^3)
C20	239.19
C25	289.44
C30	346.95
C35	382.11
C40	432.29
C45	419.32
C50	563.89
C60	644.84

3）其他建材

在城市综合管廊建造过程中,除了常见的钢材和混凝土,还需要使用一些其他关键材料,如双壁波纹管、给水管、PE 管、胶圈等连接件。本书进行了广泛的文献调研,深入了解这些材料的主要生产工序、能源使用情况和综合能耗构成,进一步计算这些材料的碳排放因子,并将结果展示在表 6-11 中。通过对这些材料的碳排放因子的研究,可以更好地评估城市综合管廊建造过程中的环境影响,为可持续建设提供参考。

表 6-11　其他建材碳排放因子

建材	碳排放因子
聚乙烯	$6.398kgCO_{2eq}/kg$
聚氯乙烯	$8.653kgCO_{2eq}/kg$
聚丙烯	$6.070kgCO_{2eq}/kg$
橡胶	$0.500kgCO_{2eq}/kg$
EPS	$17.07kgCO_{2eq}/kg$
玻璃	$0.760kgCO_{2eq}/kg$
油漆	$3.600kgCO_{2eq}/kg$
沥青防水卷材	$12.950kgCO_{2eq}/m^3$
竹胶板	$33.100kgCO_{2eq}/m^3$
碎石	$2.18kgCO_{2eq}/t$
砂	$72.5kgCO_{2eq}/m^3$

6.2.3　全生命周期碳排放计算模型

1.碳排放总量计算模型

根据前述内容,本书将管廊全生命周期分解成五个阶段,分别为建材生产阶段、建材运输阶段、建造施工阶段、使用维护阶段和拆除清理阶段。每个阶段都有对应的能源消耗和碳排放,针对每一个阶段的碳排放特点分别展开计算。管廊全生命周期的碳排放总量计算公式为

$$E_总 = E_1 + E_2 + E_3 + E_4 + E_5 \tag{6-8}$$

式中,$E_总$ 为管廊全生命周期碳排放总量,$kgCO_{2eq}$;E_1 为建材生产阶段碳排放量,$kgCO_{2eq}$;E_2 为建材运输阶段碳排放量,$kgCO_{2eq}$;E_3 为建造施工阶段碳排放量,$kgCO_{2eq}$;E_4 为使用维护阶段碳排放量,$kgCO_{2eq}$;E_5 为拆除清理阶段碳排放

量，$\mathrm{kgCO_{2eq}}$。

2. 建材生产阶段碳排放计算模型

建材生产阶段的碳排放来源于各类建材原料的开采、加工以及预制构件制作等过程产生的碳排放，可通过建材使用量与单位建材碳排放因子相乘后综合测算获得，计算公式为

$$E_1 = \sum_{i=1}^{n} m_i \times \mathrm{EF}_i \qquad (6\text{-}9)$$

式中，n 为建材种类数；m_i 为第 i 类建材的使用量，可通过设计图纸、采购清单、工程决算书等工程建设相关技术资料获得；EF_i 为第 i 类建材的碳排放因子。

3. 建材运输阶段碳排放计算模型

建材运输阶段的碳排放主要是指建材从生产商家运到施工现场的过程中，交通运输工具所消耗的燃油产生的碳排放。运输过程的碳排放与运输方式、运输距离、运输量等因素有关，计算公式为

$$E_2 = \sum_{i=1}^{n} \frac{m_i}{z_i} \times D_i \times Q_i \times \mathrm{EF_Y} \qquad (6\text{-}10)$$

式中，z_i 为第 i 种主要建材的运输工具的满载重量；D_i 为第 i 种主要建材的平均运输距离，km；Q_i 为第 i 种主要建材运输工具的单位耗油量，$\mathrm{kg/km}$；$\mathrm{EF_Y}$ 为燃油碳排放因子，$\mathrm{kgCO_{2eq}/L}$。

建筑材料的使用量应根据实际工程情况确定，而运输距离应根据具体项目的实际情况来确定。如果无法确定运输距离，可参考地区统计的各类建材运输距离的平均值，若当地没有相关统计数据，可根据《中国统计年鉴》中的数据进行估算。表 6-12 列出了 2022 年全国货物运输平均运输距离。

表 6-12　2022 年全国货物运输平均运输距离

运输方式	铁路	公路	水运	管道	民用航空
平均运输距离/km	720.99	185.77	1414.66	651.72	4181.90

4. 建造施工阶段碳排放计算模型

建造施工阶段的碳排放主要来源于现场机械设备使用过程中产生的碳排放。建造施工阶段的耗油量和耗电量优先根据施工现场的缴费记录、设备监测记录确定，当数据无法获取或数据不完整时，可按下列公式进行计算。

1）施工机具运行的耗电量

施工机具运行的耗电量可按下列公式进行计算：

$$P_D = \sum_{i=1}^{n} R_{di} \times T_{di} \times N_{di} \tag{6-11}$$

式中，P_D 为施工机具的总耗电量，kW·h；R_{di} 为第 i 种施工机具的电功率，W；T_{di} 为第 i 种施工机具的运行小时数，h；N_{di} 为第 i 种施工机具的数量；i 为施工机具的种类代号。

2）施工机具运行的耗油量

施工机具运行的耗油量可按下列公式进行计算：

$$P_Y = \sum_{i=1}^{n} R_{yi} \times T_{yi} \times N_{yi} \tag{6-12}$$

式中，P_Y 为施工机具的总耗油量，L；R_{yi} 为第 i 种施工机具每台班的平均耗油量，L；T_{yi} 为第 i 种施工机具的运行台班数；N_{yi} 为第 i 种施工机具的数量；i 为施工机具的种类代号。

3）施工现场管理的耗电量

施工现场管理的耗电量可按下列公式进行计算：

$$P_Q = \sum_{i=1}^{n} R_{qi} \times T_{qi} \times N_{qi} \tag{6-13}$$

式中，P_Q 为施工现场管理的总耗电量，kW·h；R_{qi} 为第 i 种办公电气设备的电功率，W；T_{qi} 为第 i 种办公电气设备的运行小时数，h；N_{qi} 为第 i 种办公电气设备的数量；i 为办公电器设备的种类代号。

4）建造施工阶段碳排放总量

建造施工阶段碳排放总量可按下列公式进行计算：

$$E_3 = (P_D + P_Q) \times EF_k + P_Y \times EF_Y \tag{6-14}$$

式中，EF_k 为电力碳排放因子，$kgCO_{2eq}/(kW \cdot h)$；EF_Y 为燃油碳排放因子，$kgCO_{2eq}/L$。

施工机具的电功率、运行台班数、运行小时数、运行的耗电量根据施工方案或工程量统计清单确定，施工机具每台班耗油量根据管廊工程定额确定。

施工机具的运行工况以及能耗量与承建商的施工方案、技术水平和管理水平有密切关系。在各地方出台的施工定额中，规定了当地正常施工条件下完成建筑工程施工所需要的劳动、机械以及材料消耗的数量标准，也可作为数据的采集来源。

5. 使用维护阶段碳排放计算模型

综合管廊使用维护阶段可细分为使用阶段和维护阶段，因此使用维护阶段的碳排放由这两部分组成，计算公式为

$$E_4 = E_o + E_m \tag{6-15}$$

式中，E_o 为使用阶段碳排放量，$kgCO_{2eq}$；E_m 为维护阶段碳排放量，$kgCO_{2eq}$。

管廊使用阶段历时最长，使用阶段碳排放是指综合管廊完工投入使用后，日常使用能源所产生的碳排放，如照明、通风、监控等所消耗的化石能源与电能等，可由如下公式计算：

$$E_o = \sum_{i=1}^{n} m_i \times EF_i \times Y \tag{6-16}$$

式中，m_i 为第 i 类能源每年的消耗量；EF_i 为第 i 类能源碳排放因子；Y 为管廊使用年限，年；i 为能源种类。

维护阶段碳排放包括建材或构件老化更新所带来的建材生产及运输和维修所用的机械设备能源消耗产生的碳排放。计算时，根据管廊已有的修缮记录，统计修缮工程消耗的建材数量和机械设备的使用情况，然后按照式(6-17)进行计算。

$$E_m = (E_{msc} + E_{mys} + E_{msg}) \times Y \tag{6-17}$$

式中，E_{msc} 为更新建材的年均生产碳排放量，$kgCO_{2eq}$；E_{mys} 为更新建材的年均运输碳排放量，$kgCO_{2eq}$；E_{msg} 为更新建材的年均施工碳排放量，$kgCO_{2eq}$。

6. 拆除清理阶段碳排放计算模型

综合管廊拆除清理阶段的碳排放主要包括综合管廊在拆除施工过程中机械设备消耗能源产生的碳排放和管廊建材废弃物运输、填埋、焚烧、回收处理过程中产生的碳排放，计算公式为

$$E_5 = E_{cc} + E_{cz} \tag{6-18}$$

式中，E_{cc} 为拆除过程碳排放量，$kgCO_{2eq}$；E_{cz} 为废旧建材处置阶段碳排放量，$kgCO_{2eq}$。

1) 拆除过程碳排放量

管廊的拆除多采用机械拆除法，因此拆除过程的碳排放主要是管廊拆除施工中机械设备消耗能源而产生的，可由式(6-19)计算：

$$E_{cc} = \sum_{i=1}^{n} m_i EF_i \tag{6-19}$$

2) 废旧建材处置阶段碳排放量

目前，我国对建筑垃圾的处理主要分为回收与不回收两种方式，可回收的建材以钢材、铝材等为代表，拆除后会被运输到加工场加工处理后再次使用，因此其碳排放量是将建材回收至工厂的运输过程和在工厂中再生产过程的排放量之和。对于大部分不回收的建材，拆除后将被运往垃圾处理场露天堆放或填埋，此阶段的碳排放主要来自将废旧建材运往垃圾处置场的运输过程。

综上，废旧建材处置过程的碳排放量可由式(6-20)计算：

$$E_{cz} = \sum_{i=1}^{n} P_{Si} \left[(1-\delta) EF_{Tj} L_{ij} + \delta_i EF_{SRi} \right] \tag{6-20}$$

式中,P_{Si} 为废旧建材量;EF_{Tj} 为不同运输方式下运输单位建材的碳排放因子;L_{ij} 为运输距离;EF_{SRi} 为可再生建材再生产过程碳排放因子;δ 为建材回收系数;i 为废旧建材种类;j 为运输方式。

目前,我国建筑拆除清理阶段的碳排放数据十分缺乏,相关研究的案例分析也较少,因此该阶段的数据较难收集。日本建筑生命周期评估工具 AIJ-LCA 的数据中提到建筑拆除清理阶段的碳排放占新建阶段(即建材生产阶段、建材运输阶段和建造施工阶段)的 10% 左右,可以作为参考。我国研究案例中也计算出建筑拆除阶段的能耗分别占新建阶段的 10.1% 和 7.8%,因此在数据匮乏的情况下,可认为拆除阶段碳排放占新建阶段的 10%。

6.3　城市综合管廊全生命周期碳排放计算实例

假设某混凝土综合管廊位于 A 市某小区,根据小型区域布置管线的要求,设置中小型综合管廊,设计挖土深度内土体为三类干土,不涉及岩层开挖。全生命周期内各阶段所有条件均为理想状态,施工组织合理,质量满足验收使用要求,且在设计 100 年使用周期内无不可预见自然灾害。

1. 建材生产阶段碳排放计算

根据该综合管廊建材生产阶段建材清单数据,利用式(6-9)可计算出建材生产阶段的碳排放量,计算结果如表 6-13 所示。

表 6-13　主要建材生产碳排放计算结果

建材名称	用量	碳排放因子	碳排放量/$kgCO_{2eq}$
碎石	2496t	$2.18kgCO_{2eq}/t$	5441.28
砂	375m^3	$72.5kgCO_{2eq}/m^3$	27187.50
C20	217m^3	$239.19kgCO_{2eq}/m^3$	51904.23
C25	32m^3	$289.44kgCO_{2eq}/m^3$	9262.08
C30	3475m^3	$346.95kgCO_{2eq}/m^3$	1205651.25
C35	26m^3	$382.11kgCO_{2eq}/m^3$	9934.86
聚乙烯	73546kg	$6.398kgCO_{2eq}/kg$	470547.31
螺纹钢	395610kg	$3.154kgCO_{2eq}/kg$	1247753.94
无缝钢管	12443kg	$3.154kgCO_{2eq}/kg$	39245.22

建材名称	用量	碳排放因子	碳排放量/kgCO$_{2eq}$
中小钢材	7283kg	3.000kgCO$_{2eq}$/kg	21849.00
冷轧钢材	587kg	970.44kgCO$_{2eq}$/kg	569648.28
橡胶	576kg	0.5kgCO$_{2eq}$/kg	288.00
总计			3658712.95

建材生产阶段碳排放量为

$$E_1 = \sum_{i=1}^{n} m_i \times \mathrm{EF}_i = 3658712.95 \text{ kgCO}_{2eq}$$

建材生产阶段碳排放量如图 6-2 所示。

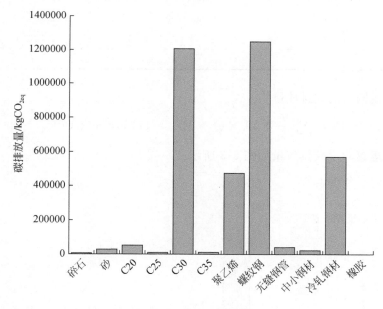

图 6-2　建材生产阶段碳排放量

2. 建材运输阶段碳排放计算

为了降低建材运输的能源消耗,尽量就近选取材料,均采用公路运输的方式,由于不同材料的质量和来源地不同,其运输的距离和采用的货车类型也有所差异,各材料的运输距离取建材生产厂家到项目施工地的平均距离,货车类型根据建材重量选取。根据综合管廊项目清单数据和式(6-10)即可计算出建材运输阶段的碳排放量,计算结果如表 6-14 所示。

表 6-14　主要建材运输碳排放计算结果

建材名称	用量/t	运输车辆重量/t	运输距离/km	满载耗油量/(L/km)	碳排放因子/(kgCO_{2eq}/t)	碳排放量/kgCO_{2eq}
碎石	2496	8	200	0.3	2.73	51105.60
砂	525	8	200	0.3	2.73	10749.38
混凝土	9000	8	50	0.3	2.73	46068.75
聚乙烯	73.546	8	200	0.3	2.73	1505.85
螺纹钢	395.61	8	50	0.3	2.73	2025.03
无缝钢管	12.443	8	50	0.3	2.73	63.69
中小钢材	7.283	8	50	0.3	2.73	37.28
冷轧钢材	0.587	8	50	0.3	2.73	3.00
橡胶	0.576	8	50	0.3	2.73	2.95
总计						111561.53

建材运输阶段碳排放量为

$$E_2 = \sum_{i=1}^{n} \frac{m_i}{z_i} \times D_i \times Q_i \times EF_Y = 111561.53 kgCO_{2eq}$$

建材运输阶段碳排放量如图 6-3 所示。

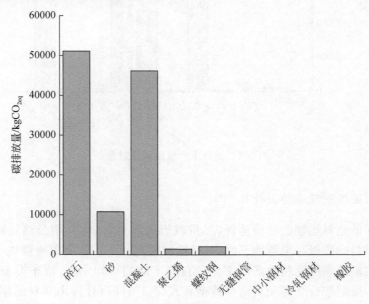

图 6-3　建材运输阶段碳排放量

3. 建造施工阶段碳排放计算

该综合管廊建造施工阶段的碳排放主要是施工机械设备消耗柴油或电能而产生的,根据式(6-14)可得出建造施工阶段碳排放量,计算结果如表 6-15 所示。

表 6-15　建造施工阶段碳排放量计算结果

能源类型	用量	能源碳排放因子	碳排放量/kgCO$_{2eq}$
柴油	19680.27L	2.73kgCO$_{2eq}$/L	53727.14
电能	137130.59kW·h	0.5802kgCO$_{2eq}$/(kW·h)	79563.17
总计			133290.31

建造施工阶段碳排放量为

$$E_3 = (P_D + P_Q) \times \mathrm{EF_k} + P_Y \times \mathrm{EF_Y} = 133290.31\mathrm{kgCO_{2eq}}$$

4. 使用维护阶段碳排放计算

管廊使用维护阶段是全生命周期中时间概念上最长的一个阶段,也是能源消耗量最多的一个阶段。使用维护阶段的数据一般来自管廊投入使用后的实际监测数据,包括使用阶段所使用的电能及维护阶段所使用的化石能源等。该管廊使用阶段的年平均用电量为 507600kW·h,年平均柴油用量为 124L。由于维护阶段的数据较难获得,这里不考虑维护阶段的碳排放。根据式(6-15)可得出管廊使用维护阶段碳排放量为

$$E_4 = \sum_{i=1}^{n} m_i \times \mathrm{EF}_i \times Y = 29484804\mathrm{kgCO_{2eq}}$$

5. 拆除清理阶段碳排放计算

和使用维护阶段一样,拆除清理阶段的碳排放数据也不容易获得,并且以往研究的案例中很少能够真正涉及拆除过程。在实际数据不容易获得的情况下,通常只能根据已有的一些研究成果进行估算。拆除清理阶段的碳排放主要包括三部分:一是建筑物拆除消耗能源产生的碳排放;二是废弃物运输产生的碳排放;三是废弃物回收再利用减少的碳排放。根据 6.2.3 节中相关学者的研究内容,可认为拆除阶段碳排放占新建阶段的 10%,则可得出拆除清理阶段的碳排放量为

$$E_5 = (3658712.95 + 111561.53 + 133290.31) \times 10\% = 390356.48\mathrm{kgCO_{2eq}}$$

6. 全生命周期碳排放总量

该综合管廊全生命周期碳排放总量为

$$E_{总}=E_1+E_2+E_3+E_4+E_5=33778725.27\mathrm{kgCO_{2eq}}$$

全生命周期各阶段碳排放量如图 6-4 所示。

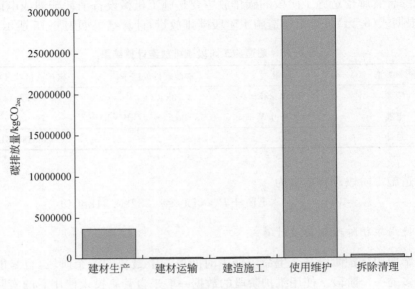

图 6-4　全生命周期各阶段碳排放量

6.4　城市综合管廊全生命周期碳排放减排策略

通过前文的分析与研究成果可以看出,管廊全生命周期的各个阶段都涉及能源消耗和碳排放,因此应该注重每个阶段的节能和减排工作。6.3 节综合管廊全生命周期碳排放计算结果显示,使用维护阶段的碳排放占比最大,因此其减排空间也最大;建材生产阶段的碳排放占比也较大,具有较大的减排潜力;建造施工阶段和拆除清理阶段的碳排放较少,但考虑到我国每年新建建筑和报废建筑的数量,也不容忽视。至于建材运输阶段,虽然直接产生的碳排放很少甚至可以忽略,但其对全生命周期后续阶段的碳排放影响很大,因此减排工作也应该受到重视。

6.4.1　规划设计阶段减排策略

虽然综合管廊规划设计阶段能源的消耗量和碳排放量都很少,但管廊规划设计对建材的选择以及建筑使用阶段的供电、照明、通风、监控等具有深远的影响,因此规划设计阶段的减排不可忽视。综合管廊规划设计阶段的减排策略包括以下几个方面:

（1）合理选择建材。在规划设计时，应尽量选用可回收、可再利用和对环境影响小的建材。建材的回收再利用是减少碳排放的一个重要因素。目前，我国的钢筋、非铁金属等建材的回收利用率多在 90% 以上，并且在回收再利用过程中产生的碳排放量较少。设计选用回收利用率高的建材，一方面可使旧建材循环使用，增加使用周期；另一方面也可以减少新建材生产对环境的影响。

应考虑多使用砂石、木材等天然建材，尽量减少高能耗、深度加工的建材，如钢铁、混凝土等。建材的生产工艺、加工能耗不同对其碳排放因子也会有不同的影响。因此，从满足建材合理性的角度来说，设计选用天然的建材更加环保。此外，在管廊的设计和建设过程中，可尽可能选择使用节能材料，如具有良好隔热性能和保温性能的材料，以减少能源消耗。

（2）优化设计方案。通过优化管廊的设计，减少建筑材料的使用，降低建筑物的整体重量，减少对环境的影响。

（3）采用可再生资源。在管廊的设计中，可以考虑采用太阳能、风能等可再生能源，用于供电和照明，减少对传统能源的依赖，降低碳排放量。

（4）绿化设计。在管廊周边进行绿化设计，增加植被覆盖面积，吸收二氧化碳，提高空气质量。

6.4.2　建材生产阶段减排策略

在城市综合管廊全生命周期的碳排放计算中，建材生产阶段是仅次于使用维护阶段的第二大碳排放阶段，此阶段钢材、混凝土等建材使用比例很高。CO_2 的高排放与建材的生产工艺以及我国的能源转换技术都有着密切的联系。

1. 改进建材的生产工艺

不同建材存在多种生产工艺途径，开发低能耗、高能源利用率的产业结构对节能减排工作至关重要。在我国快速发展的国民经济背景下，建材行业也保持着高速增长。截至 2010 年，我国水泥产量达到 18.8 亿 t，平板玻璃产量达到 6.6 亿重量箱，建筑陶瓷产量达到 78 亿 m^3，卫生陶瓷产量达到 1.7 亿件，年均增长率分别为 11.9%、10.5%、13.2% 和 15.7%。然而，这些建材的单位能源消耗量却是国际先进水平的 2.2 倍，建筑陶瓷更是高达 2 倍以上，这对节能减排带来了巨大挑战。因此，优化建材的产业结构、改善生产工艺、降低对能源的需求势在必行。采用先进生产工艺可大幅提高能源利用效率，以混凝土为例，通过熟料减量及工业固体废弃物（如高炉矿渣）替代部分水泥及精细化利用，不仅能够提升混凝土的力学性能，同时显著降低碳排放。相关研究显示，合理的熟料减量可减少 22.8%～33.8% 胶凝材料制备产生的碳排放，用粉煤灰替代 25% 水泥可减少 9.8% 的碳排放，用矿粉替代 20％的普通硅酸可以最大限度地减少 47.5％的碳排放。

2. 改进能源转换技术

能源转换不可避免地会引起能源污染问题,在经济发展中,主要的能源转换形式包括能源发电、能源供热和能源炼油,其中能源发电占能源消耗总量的近 80％,因此它是能源转换中至关重要的组成部分。及时调整电源结构、改进电能转换技术是实现节能减排的有效途径。为了实现能源高效利用和降低污染排放的目标,我国应积极减少以化石燃料为原料的电能转换方式,增加以天然气、核能和水能为原料的电能转换方式。然而,这种转变需经过较长的时间才能实现。目前我国电源结构主要以石化燃料为主,因此提高其利用效率是一种有效的措施:引入碳捕集与封存(CCS)技术,加大无碳化利用力度;扩大燃煤机组的装机容量,淘汰效率低的小型发电厂;推广煤的多联产技术,通过煤炭气化,在发电的同时产生热力蒸汽、液体燃料和化工产品,充分利用煤炭原料并减少 10％～20％的煤炭消耗量。

6.4.3　建材运输阶段减排策略

在城市综合管廊全生命周期的碳排放计算中,建材运输阶段所产生的碳排放主要与生产商到施工现场的距离有关,运输距离越大,建材运输阶段所产生的碳排放占全生命周期碳排放的比例就越大,因此建材运输阶段的减排具有一定的必要性。建材运输阶段的减排策略包括以下几个方面:

(1)使用更环保的运输方式。选择低碳排放的运输方式,如铁路、水路等,减少对空气的污染。同时,可以考虑采用集装箱运输、多式联运等综合运输方式,以提高运输效率和减少能源消耗。

(2)优化物流规划。通过合理规划运输路线和减少运输距离,可以降低能源消耗和减少碳排放。采用现代物流管理技术和信息化手段,实现货物运输的精准配载和合理调度,以减小空载率和提高运输效率。

(3)推广节能减排技术。在建材运输车辆上推广节能减排技术,如采用清洁能源车辆、安装节能设备、实施车辆定期维护保养等措施,以降低燃料消耗和减少尾气排放。

(4)减少包装和包装材料的使用。采用轻量化、可循环利用的包装材料,减少包装材料的使用量,从而减少建材运输过程中的能源消耗和碳排放。

6.4.4　建造施工阶段减排策略

建造施工阶段的碳排放主要是由施工机械设备使用能源所产生的,在综合管廊全生命周期的碳排放计算中,虽然施工阶段的碳排放所占比例不高,但建造施工阶段的碳排放总量也是不容忽视的。

实现建造施工阶段的节能减排,首先要加强施工现场的管理,建立科学系统的施工管理体系,要注意对环境的保护、减少污染、降低施工中材料损耗率以及对施工现场的废弃物及时清理等;其次要推广施工新技术,在施工中加大对太阳能、风能、地热能等清洁能源的使用,降低传统能源的使用,同时,建筑构件应尽可能标准化、工业化,减少施工操作过程,减少碳排放;最后还要提高施工现场人员的节能减排意识,杜绝施工过程中的能源浪费。

6.4.5　使用维护阶段减排策略

由于建筑使用年限较长,一般管廊设计使用年限为 100 年,使用维护阶段是建筑全生命周期内能源消耗及碳排放量最大的阶段,因此使用维护阶段的节能减排对建筑全生命周期来说是最为重要的一环。针对综合管廊,使用维护阶段的碳排放主要来自两个方面,分别是使用期间电力能源产生的碳排放、维护阶段维修机械所消耗化石能源产生的碳排放。因此,使用维护阶段的减排策略具体从以下几个方面考虑。

1. 提高能源使用效率

随着不可再生能源的逐渐减少,在无法完全依赖可再生能源的情况下,应该着重提高不可再生能源的使用效率,使之达到最佳水平,从而减少能源损耗、降低碳排放,让有限的能源更有效地为人类服务。

作为一种传统能源,电能的使用效率也有待提高。研究显示,如果将照明灯具换成节能灯具,或者采用智能控制调节通道的照明,将设计照明容量从 $7W/m^2$ 降至 $6W/m^2$,碳排放在整个生命周期内约可减少 1%;若节能灯具得到广泛应用,碳排放可降低 5%,有效提高电能的利用效率。

2. 开发和利用可再生能源

能源分为可再生能源和不可再生能源。传统的化石能源如煤、石油、天然气等属于不可再生能源,而太阳能、风能、地热能等是可再生能源。随着人类社会的发展,不可再生能源的消耗逐渐增加,为了实现可持续发展的目标,可再生能源逐渐成为人类研究的焦点。同时,可再生能源具有清洁无污染的特点,能有效减少碳排放。因此,为了更好地实现节能减排,应该加大对可再生能源的开发利用,减少 CO_2 等污染气体的排放。

我国具有丰富的太阳能资源,并且有巨大的发展潜力。利用太阳能作为住宅采暖系统的主要能源,可以大幅度减少化石能源的消耗,降低碳排放。地热能源是从地球内部提取的天然热能,这种能源来源于地球核心,并以热力的形式存在。地热能是一种清洁的可再生能源,可用于发电,即将地热能转化为机械能,带动发电机发电。

6.4.6　拆除清理阶段减排策略

拆除清理阶段是建筑施工的逆过程,这一阶段不消耗建筑材料,但其碳排放主要来自拆除过程中使用的施工机械和废料运输工具。与建造阶段类似,应采用能源利用效率高的机械设备和合理的运输路线,以减少机械设备和运输过程中的能源消耗。此外,废料处理过程中产生的碳排放也不能忽视,通过回收再利用可降低材料碳排放的比例,在设计阶段就应强调可回收材料的重要性。拆除清理阶段的碳减排需要注意以下几个方面。

首先,提高废旧建材的资源优化再利用可降低碳排放。国家应出台专门法律规定废旧建材的回收再利用率,以确保其达到一定标准。德国注重建筑垃圾回收利用,颁布了相关法律,并采取强制措施,使建筑垃圾回收利用率超过90%。如果我国的利用率也能达到这一水平,将可减排2%。

其次,提高废旧建材的再生利用水平需要加大技术研发投入。例如,对拆除的废旧混凝土进行现场处理,生产商品混凝土骨料、建筑砌块集料、道路填铺料等再生集料,以提高利用效率,减少多次运输造成的环境污染和费用支出,实现资源再利用的多重效益。

6.5　本 章 小 结

本章基于全生命周期评估理论,首先明确定义了综合管廊全生命周期碳排放的来源,然后对化石能源、电力以及主要建材的碳排放因子进行了详细分析和统计,最后应用排放系数法和全生命周期评估理论建立了建筑全生命周期碳排放计算模型。运用该模型,对某混凝土综合管廊在全生命周期各个阶段的碳排放量进行了计算,最终提出了综合管廊全生命周期各个阶段的减排策略。主要结论如下:

(1)从全生命周期评价方法的发展、定义、框架、特点及必要性对其展开了概述。介绍了四种全生命周期碳排放计算的基本方法,分别为实测法、物料衡算法、过程分析法及投入产出法,并对这四种计算方法的基本概念、计算原理、计算公式进行了详细描述。

(2)基于低碳建造的基本理论,构建了系统性的、可操作性的城市综合管廊全生命周期碳排放计算模型。通过规范设计阶段、建材生产阶段、建材运输阶段、建造施工阶段、使用维护阶段和拆除清理阶段的分析,确定了综合管廊全生命周期的碳排放来源。在广泛的文献和统计资源基础上，收集并推算出各类化石能源、电能、主要建材等的碳排放因子。借助碳排放系数法建立了全生命周期碳排放计算模型，并确定了建筑全生命周期的碳排放评价指标。

（3）应用模型计算某混凝土综合管廊全生命周期的碳排放，得到了该管廊全生命周期碳排放总量为 $33778725.27kgCO_{2eq}$，从计算结果可以看出，碳排放量最多的是使用维护阶段，碳排放主要来源于使用阶段电能及水的消耗，其碳排放量为 $29484804kgCO_{2eq}$，占管廊全生命周期碳排放的 87.3%；然后是建材生产阶段，碳排放主要来源于钢材及混凝土的使用，其碳排放量为 $3658712.95kgCO_{2eq}$，占管廊全生命周期碳排放的 10.8%，再次是拆除清理阶段，碳排放量为 $390356.48kgCO_{2eq}$，建造施工阶段碳排放量为 $133290.31kgCO_{2eq}$。

（4）根据案例碳排放量的计算结果，提出建筑全生命周期各阶段的碳排放重点应该放在使用维护阶段，可通过开发和利用新能源、提高使用效率等策略来减少碳排放。规划设计阶段碳排放量很少，甚至可以忽略，但是规划设计决定建筑后期的碳排放量，是项目后期材料、机械使用、施工方式选择的重要依据，因此规划设计阶段的减排不可忽视。建材生产阶段是仅次于使用维护阶段的第二大碳排放阶段，此阶段钢材、混凝土等建材使用比例很高，因此可通过改进建材的生产工艺、改进能源转换技术来减少建材生产阶段的碳排放量。对于拆除清理阶段，可通过提高废旧建材回收利用率来降低碳排放量。

参 考 文 献

[1] Ishii H，Kawamura K，Ono T，et al. A fire detection system using optical fibres for utility tunnels. Fire Safety Journal，1997，29(2-3)：87-98.

[2] Yoo J O，Kim X K. A study on the ventilation characteristics and design of transverse ventilation system for road tunnel. Journal of Korean Tunnelling and Underground Space Association，2018，20(2)：305-315.

[3] 董骥,胡秦镪,郑奕. 综合管廊的通风效果模拟及风亭的优化. 建筑热能通风空调,2018, 37(5)：62-65.

[4] 林圣剑. 入廊燃气独立舱室内通风系统的运行模拟与控制研究. 哈尔滨:哈尔滨工业大学, 2017.

[5] 陈虹. 共同沟的通风设计. 建筑热能通风空调,2003,22(3)：11-12.

[6] 高增. 综合管廊通风分区长度的研究. 暖通空调,2019,49(5)：51-54.

[7] 周游,周伟国. 综合管廊电缆舱通风数值模拟研究. 建筑热能通风空调,2016,35(11)：29-33, 91.

[8] 邱灏. 城市地下综合管廊通风量研究. 成都:西南交通大学,2018.

[9] 严永锋. 基于模糊 PID 控制的城市综合管廊通风系统. 南昌:华东交通大学,2018.

[10] 刘珊珊. 我国城市地下综合管廊建设技术体系策略简析及地下管廊环境通风测试分析. 西安:西安建筑科技大学,2018.

[11] 洪娇莉,林树枝,施有志. 沿海地区综合管廊综合舱通风除湿数值模拟. 科学技术与工程, 2019,19(10)：195-203.

[12] 韦岩,谢安生,洪梦华. 综合管廊电缆舱断面形状对通风影响的研究. 施工技术,2018, 47(S4)：1436-1439.

[13] 刘旭辉. 城市地下综合管廊热力舱散热及通风研究. 北京:华北电力大学,2019.

[14] Li S，Liu X，Wang J. Reduced scale experimental study and CFD analysis on the resistance characteristic of utility tunnel's ventilation system. Energy Procedia，2019，158：2756-2761.

[15] 闵绚,张正维,邹建明,等. 管线敷设与风机室布置对综合管廊通风阻力影响研究. 隧道建设(中英文),2019,39(9)：1423-1430.

[16] Kim D，Yoon D，Ahn B. Assessment of ventilation performance of underground tunnel with the domestic and international standards by using computer simulation. Journal of the Korean Society of Hazard Mitigation，2017，17(3)：79-86.

[17] Seong N C，Kim J H，Choi K B. CFD analysis of temperature and relative humidity distribution as air flow rate variation in the underground utility pipe tunnel. Journal of Korean Institute of Architectural Sustainable Environment and Building Systems，2017,

11(4)：273-282.

[18] Ko J. Study on the fire risk prediction assessment due to deterioration contact of combustible cables in underground common utility tunnels. Journal of the Korean Society of Disaster Information，2015，11(1)：135-147.

[19] Vauquelin O，Mégret O. Smoke extraction experiments in case of fire in a tunnel. Fire Safety Journal，2002,37(5):525-533.

[20] Curiel-Esparza J，Canto-Perello J. Indoor atmosphere hazard identification in person entry urban utility tunnels. Tunnelling and Underground Space Technology，2005，20(5)：426-434.

[21] Shen T S. Will the second cable tray be ignited in a nuclear power plant. Journal of Fire Sciences，2006，24(4)：265-274.

[22] He K，Cheng X D，Yao Y Z，et al. Characteristics of multiple pool fires in a tunnel with natural ventilation. Journal of Hazardous Materials，2019，369：261-267.

[23] Lacroix D. The new piarc report on fire and smoke control in road tunnels. Road Tunnel，1998：185-197.

[24] Canto-Perello J，Curiel-Esparza J，Calvo V. Criticality and threat analysis on utility tunnels for planning security policies of utilities in urban underground space. Expert Systems with Applications，2013，40(11)：4707-4714.

[25] Ingason H，Li Y Z. Model scale tunnel fire tests with longitudinal ventilation. Fire Safety Journal，2010，45(6-8)：371-384.

[26] Oka Y，Atkinson G T. Control of smoke flow in tunnel fires. Fire Safety Journal，1995，25(4)：305-322.

[27] Wu Y，Bakar M Z A. Control of smoke flow in tunnel fires using longitudinal ventilation systems—A study of the critical velocity. Fire Safety Journal，2000，35(4)：363-390.

[28] Kurioka H，Oka Y，Satoh H，et al. Fire properties in near field of square fire source with longitudinal ventilation in tunnels. Fire Safety Journal，2003，38(4)：319-340.

[29] Rie D H，Hwang M W，Kim S J，et al. A study of optimal vent mode for the smoke control of subway station fire. Tunnelling and Underground Space Technology，2006，21(3-4)：300-301.

[30] Yoo J O，Kim J S，Ra K H. A numerical study of the effects of the ventilation velocity on the thermal characteristics in underground utility tunnel. Journal of Korean Tunnelling and Underground Space Association，2017，19(1)：29-39.

[31] Matsui T，Morimoto N，Suzuki H，et al. The temperature rising characteristics of 275kV cables and GILs in tunnels//IEEE Power Engineering Society Winter Meeting，New York，2002:1354-1359.

[32] Jang Y，Jung S. Quantitative risk assessment for gas-explosion at buried common utility tunnel. Journal of the Korean Institute of Gas，2016，20(5)：89-95.

[33] 胡敏华. 共同沟天然气管道泄漏报警实验研究. 深圳大学学报(理工版)，2006，23(3)：211-216.

[34] 王恒栋. 我国城市地下综合管廊规划建设和管理的政策要求. 中国建设信息化, 2017, (19): 8-11.

[35] 赵永昌, 朱国庆, 高云骥. 城市地下综合管廊火灾烟气温度场研究. 消防科学与技术, 2017, 36(1): 37-40.

[36] 彭玉辉. 典型电缆火灾条件下烟气运动规律的数值模拟. 船海工程, 2016, 45(2): 65-68, 73.

[37] 李文婷. 综合管沟电缆火灾数值模拟研究. 北京: 首都经济贸易大学, 2012.

[38] 苏洪涛, 黎继红, 汪齐, 等. 综合管廊电缆火灾消防系统设计探讨. 市政技术, 2016, 34(6): 126-129.

[39] 林俊, 丛北华, 韩新, 等. 基于 CFD 模拟分析的城市综合管廊火灾特性研究. 灾害学, 2010, 25(S1): 374.

[40] 徐浩倬, 李耀庄, 徐志胜. 城市地下综合管廊舱室交叉口处火灾数值模拟研究. 科技通报, 2018, 34(10): 264-268.

[41] 孙瑞雪. 城市地下综合管廊灭火系统的实验与数值模拟研究. 合肥: 中国科学技术大学, 2018.

[42] 王明年, 田源, 于丽, 等. 城市综合管廊电缆火灾数值模拟及影响因素分析. 中国安全生产科学技术, 2018, 14(11): 52-57.

[43] 王明年, 田源, 于丽, 等. 城市综合管廊火灾温度场分布及结构损伤数值模拟. 现代隧道技术, 2018, 55(5): 159-165.

[44] 唐志华. 城市综合管廊通风系统设计. 暖通空调, 2018, 48(3): 45-49.

[45] 杜长宝. 地下综合管廊电缆火灾温度场分布及烟气流动特性分析. 徐州: 中国矿业大学, 2017.

[46] 钱喜玲. 地下综合管廊天然气管道火灾模拟及消防对策研究. 西安: 西安建筑科技大学, 2018.

[47] 付强. 典型电缆燃烧性能研究. 合肥: 中国科学技术大学, 2012.

[48] 高俊国, 孔译辉, 孙伟峰, 等. 电缆燃烧试验新旧标准的火灾动力学仿真对比分析. 中国安全生产科学技术, 2018, 14(8): 165-170.

[49] 刘浩男, 朱国庆, 周祥. 风速影响下综合管廊烟气运动规律探究. 消防科学与技术, 2018, 37(7): 896-898.

[50] 王超. 高压细水雾灭火技术在灭火中的应用. 科学技术创新, 2018, (30): 40-41.

[51] 何明星, 高建岭, 孙澜曦, 等. 关于管廊电缆舱防火分区划分的安全性分析. 江西建材, 2018, (13): 69-70.

[52] 王振榕, 彭伟, 陈灵娟. 换气率对综合管廊内火灾环境影响研究. 消防科学与技术, 2018, 37(7): 914-917.

[53] 陈宏磊. 基于 FDS 的综合管廊天然气泄漏火灾特性研究. 福建建设科技, 2017(4): 30-32, 83.

[54] 高明旭. 某综合管廊电缆舱火灾安全性研究. 北京: 北方工业大学, 2018.

[55] 武晓飞. 浅析城市地下综合管廊通风系统. 山西建筑, 2018, 44(24): 101-102.

[56] 石磊,杨永斌. 细水雾粒径对地下综合管廊电力舱火灾灭火效果的影响. 消防技术与产品信息,2018,31(11):47-50.

[57] 李欣玉. 综合管廊电缆舱火灾后通风系统的数值模拟与优化设计. 西安:西安建筑科技大学,2018.

[58] 刘海静,王磊,相坤,等. 综合管廊电力舱电缆燃烧温度及烟气分布试验研究. 消防技术与产品信息,2018,31(12):5-12.

[59] 郝冠宇. 综合管廊中电缆舱内火灾烟气模拟研究. 西安:西安建筑科技大学,2017.

[60] 席林,张宏民,龙忠业. 高压细水雾在综合管廊电缆舱的灭火试验研究. 中国给水排水,2019,35(1):63-67.

[61] 曾艳华,李杰,张先富,等. 不同排烟口开启状态下妈湾隧道的排烟技术. 西南交通大学学报,2019,54(6):1177-1186.

[62] 马晓宁,吴书安. 预制拼装再生混凝土小型综合管廊全生命周期碳排放评价. 建筑技术开发,2019,46(16):33-35.

[63] Gustavsson L, Joelsson A, Sathre R. Life cycle primary energy use and carbon emission of an eight-storey wood-framed apartment building. Energy and Buildings,2010,42(2):230-242.

[64] Bribián I Z, Usón A A, Scarpellini S. Life cycle assessment in buildings:State-of-the-art and simplified LCA methodology as a complement for building certification. Building and Environment,2009,44(12):2510-2520.

[65] Blengini G A, Di Carlo T. The changing role of life cycle phases, subsystems and materials in the LCA of low energy buildings. Energy and Buildings,2010,42(6):869-880.

[66] Gerilla G P, Teknomo K, Hokao K. An environmental assessment of wood and steel reinforced concrete housing construction. Building and Environment,2007,42(7):2778-2784.

[67] Cole R J. Energy and greenhouse gas emissions associated with the construction of alternative structural systems. Building and Environment,1998,34(3):335-348.

[68] Fornaro A, Andrade M F, Ynoue R Y, et al. Greenhouse gases measurements in road tunnel in São Paulo Megacity, Brazil. EGU General Assembly Conference Abstracts,2012.

[69] Huang L Z, Bohne R A, Bruland A, et al. Life cycle assessment of Norwegian road tunnel. The International Journal of Life Cycle Assessment,2015,20(2):174-184.

[70] 郭春,郭雄,徐建峰,等. 隧道施工通风系统碳排放边界研究//2016中国隧道与地下大会(CTUC)暨中国土木工程学会隧道及地下工程分会第十九届年会,成都,2016:4.

[71] 徐建峰,郭春,郭雄,等. 隧道物化阶段碳排放计算模型研究//2016中国隧道与地下大会(CTUC)暨中国土木工程学会隧道及地下工程分会第十九届年会,成都,2016:9.

[72] 贺晓彤. 城市轨道交通明挖车站建设碳排放计算及主要影响因素分析. 北京:北京交通大学,2015.

[73] 刘娜. 建筑全生命周期碳排放计算与减排策略研究. 石家庄:石家庄铁道大学,2014.

[74] 李乔松,白云,李林. 盾构隧道建造阶段低碳化影响因子与措施研究. 现代隧道技术,2015,52(3):1-7.

[75] 赵秀秀. 绿色建筑全生命周期碳排放计算与减碳效益评价. 大连:大连理工大学,2017.

[76] 秦骜,袁艳平,蒋福建. 地铁站建筑全生命周期碳排放研究:以成都三号线某站为例. 建筑经济,2020,41(S1):329-334.

[77] 皮膺海. 盾构隧道施工碳排放测评研究. 南昌:南昌大学,2016.

[78] 郭春,郭亚林,陈政. 交通隧道工程碳排放核算及研究进展分析. 现代隧道技术,2023,60(1):1-10.

[79] 徐建峰. 公路隧道施工碳排放计算方法及预测模型研究. 成都:西南交通大学,2021.

[80] 陈飞,诸大建,许琨. 城市低碳交通发展模型、现状问题及目标策略:以上海市实证分析为例. 城市规划学刊,2009,(6):39-46.

[81] 郜新军. 城市轨道交通系统碳排放评估及集成优化控制方法研究. 北京:北京交通大学,2013.

[82] 龙江英. 城市交通体系碳排放测评模型及优化方法. 武汉:华中科技大学,2012.

[83] 谢鸿宇,王习祥,杨木壮,等. 深圳地铁碳排放量. 生态学报,2011,31(12):3551-3558.

[84] 王幼松,黄旭辉,闫辉. 地铁盾构区间物化阶段碳排放计量分析. 土木工程与管理学报,2019,36(3):12-18,47.

[85] 曾智超. 城市轨道交通对城市发展和环境综合影响后评价:以上海市为例. 上海:华东师范大学,2006.

[86] Fei L, Zhang Q, Xie Y. Study on energy consumption evaluation of mountainous highway based on LCA. IOP Conference Series: Earth and Environmental Science, 2017, 69:012036.

[87] 陈坤阳,段华波,张怡,等. 广州地铁盾构隧道建设期碳排放强度与减排潜力研究. 隧道建设(中英文),2022,42(12):2064-2072.

[88] 侯敬峰,解佳媛. 地铁车站工程装配式建造技术碳减排研究. 建筑经济,2022,43(S1):579-584.

[89] 粟月欢,张宇,段华波,等. 地铁建设环境影响评估及减排效益研究:以深圳市为例. 环境工程,2022,40(5):184-192,236.

[90] 张扬,孙海林. 地下车库结构的低碳化设计. 建筑结构,2023,53(S1):249-253.

[91] 中华人民共和国住房和城乡建设部. 城市综合管廊工程技术规范(GB 50838—2015). 北京:中国计划出版社,2015.

[92] 田思楠. 城市综合管廊电力舱传热及通风特性研究. 北京:北京工业大学,2022.

[93] 余文烈. 香港公用事业高效运营的经验和启示. 中国行政管理,2005,(11):81-84.

[94] 洪娇莉. 基于CFD的潮湿地区综合管廊通风系统模拟与除湿研究. 厦门:厦门大学,2019.

[95] 燕艳. 浙江省建筑全生命周期能耗和CO_2排放评价研究. 杭州:浙江大学,2011.

[96] 王帅. 商品混凝土生命周期环境影响评价研究. 北京:清华大学,2009.

[97] 李小东,王帅,孔祥勤,等. 预拌混凝土生命周期环境影响评价. 土木工程学报,2011,(1):110-112.

[98] 俞海勇,王琼,张贺,等. 基于全寿命周期的预拌混凝土碳排放计算模型研究. 粉煤灰,2011,(6):42-46.